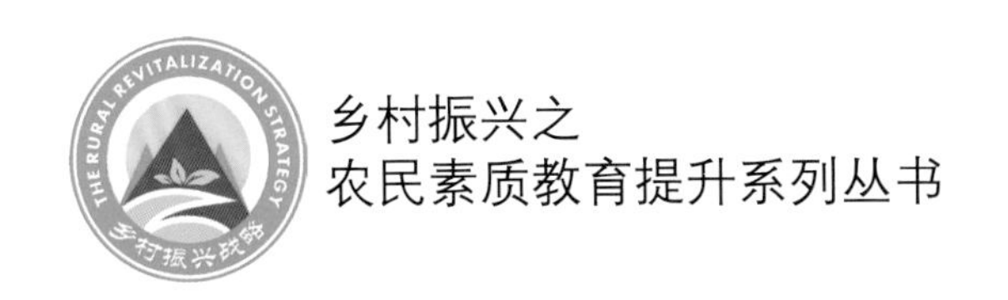

乡村振兴之
农民素质教育提升系列丛书

叶类蔬菜

栽培技术与病虫害防治图谱

◎王磊　朱峰　主编

中国农业科学技术出版社

图书在版编目（CIP）数据

叶类蔬菜栽培技术与病虫害防治图谱 / 王磊，朱峰主编 . —北京：中国农业科学技术出版社，2019. 7

乡村振兴之农民素质教育提升系列丛书

ISBN 978-7-5116-4105-2

Ⅰ. ①叶… Ⅱ. ①王… ②朱… Ⅲ. ①绿叶蔬菜—蔬菜园艺—图谱 ②绿叶蔬菜—病虫害防治—图谱 Ⅳ. ①S636-64 ②S436.36-64

中国版本图书馆 CIP 数据核字（2019）第 059293 号

责任编辑 张志花
责任校对 李向荣

出 版 者 中国农业科学技术出版社
北京市中关村南大街12号 邮编：100081
电　　话 （010）82106636（编辑室）（010）82109702（发行部）
（010）82109709（读者服务部）
传　　真 （010）82106631
网　　址 http: // www.castp.cn
经 销 者 全国各地新华书店
印 刷 者 固安县京平诚乾印刷有限公司
开　　本 880mm × 1 230mm 1/32
印　　张 3.25
字　　数 80千字
版　　次 2019年7月第1版 2019年7月第1次印刷
定　　价 28.00元

《叶类蔬菜栽培技术与病虫害防治图谱》

编委会

主　编　王　磊　朱　峰

副主编　英有文　周曰飞

　　　　　董严波

编　委　侯志勇　王宝广

　　　　　王飞翔　高　晶

PREFACE 前言

我国农作物病虫害种类多而复杂。随着全球气候变暖、耕作制度变化、农产品贸易频繁等多种因素的影响，我国农作物病虫害此起彼伏，新的病虫不断传入，田间为害损失逐年加重。许多重大病虫害一旦暴发，不仅对农业生产带来极大损失，而且对食品安全、人身健康、生态环境、产品贸易、经济发展乃至公共安全都有重大影响。因此，增强农业有害生物防控能力并科学有效地控制其发生和为害成为当前非常急迫的工作。

由于病虫防控技术要求高，时效性强，加之目前我国从事农业生产的劳动者，多数不具备病虫害识别能力，因混淆病虫害而错用或误用农药造成防效欠佳、残留超标、污染加重的情况时有发生，迫切需要一部通俗易懂、图文并茂的专业图书，来指导农民科学防控病虫害。鉴于此，我们组织全国各地经验丰富的培训教师编写了一套病虫害防治图谱。

本书为《叶类蔬菜栽培技术与病虫害防治图谱》。叶类蔬菜主要是指以鲜嫩叶片及叶柄为产品的蔬菜，如菠菜、苋菜、芹菜、油麦菜、茼蒿、白菜、结球甘蓝等。本书从叶类蔬菜的品种选择、适时播种、田间管理、收获与贮藏等方面对叶类蔬菜的栽培技术进行了介绍，精选了对叶类蔬菜产量和品质影响较大的20种侵染性病害，8种生理性病害以及14种虫害，以彩色照片配合文字辅助说明的方式从病虫害（为害）特征、发生规律和防治方法等方面进行讲解。

本书通俗易懂、图文并茂、科学实用，适合各级农业技术人员和广大农民阅读，也可作为植保科研、教学工作者的参考用书。需要说明的是，书中病虫害的农药使用量及浓度，可能会因为叶类蔬菜的生长区域、品种特点及栽培方式的不同而有一定的区别。在实际使用中，建议以所购买产品的使用说明书为标准。

由于时间仓促，水平有限，书中难免存在不足之处，欢迎指正，以便再版时修订。

CONTENTS 目录

第一章 叶类蔬菜栽培技术

一、叶类蔬菜品种选择

叶类蔬菜种类很多，主要包括散叶白菜、结球白菜、结球甘蓝、瓢儿白、莴笋、菠菜、芹菜、木耳菜和藤菜等。散白菜可选择‘早熟5号’，瓢儿白可选择‘华冠’‘日本青江白’；大白菜可选择‘日本夏阳’‘韩国春秋王’；莴笋可选择‘科光1号’‘双尖’‘特耐热二白皮’‘科兴3号’；菠菜可选择‘荷兰比久5号’‘香港多利牌全能菠菜’‘华波1号’；芹菜可选择‘意大利夏芹’‘美国西芹’等。

二、叶类蔬菜适时播种

1. 苗床准备

苗床应选阴凉、湿润、灌溉方便的地方。苗床深翻，清除四周杂草，普施有机肥和石灰，炕土5～10天，整细耙平，即可播种。

2. 种子处理

种子播种前需进行浸种催芽，由于不同的叶菜需要的温度不同，因此需根据蔬菜特性，合理调整适宜的温度催芽，如芹菜生长要求阴凉湿润的环境，种子发芽适宜温度为15～20℃，茼蒿催芽适宜温度在25～30℃，但不管是哪种蔬菜，在种植时大部分蔬菜都是需要进行浸种催芽的，这样可以提高蔬菜发芽率。

催芽时，应先将种子浸泡6～8小时，然后用湿纱布包好，放入冰箱冷藏室内，保持温度在15℃左右。也可将种子吊挂在深井里，离水面10～20厘米处；水白菜、瓢儿白或大白菜催芽时，应先将种子浸泡3～4小时，然后用湿纱布包好保湿。催芽期间，每天用清水洗种1次，待80%种子露白后即可取出播种。

3. 实时播种

播种前苗床应施足底水，适当稀播，莴笋一般1米^{2}苗床播种5～10克，水白菜每公顷苗床播种500克，瓢儿白每公顷苗床播种1 000～3 000克，大白菜每公顷苗床播种1 000～3 000克，菠菜每公顷苗床播种2 000～3 000克。播种后，应盖0.5厘米厚的“石谷子”或细土，然后再盖遮阳网或稻草，以利保水降温、防暴雨。出苗前应每天喷水1次。种子出土60%后，及时揭去地表覆盖物，搭棚遮阴。

4. 苗期管理

蔬菜幼苗期生长适宜温度为20～28℃，这段时间的苗期管理工作是非常重要的，应当重视。培育壮苗以控为主，促控结合，防止徒长苗及弱病苗。出苗后要保持土壤湿润，可采取控制肥水的办法，抑制幼苗徒长，同时要做好中耕除草和防治病害措施。

三、叶类蔬菜田间管理

1. 浇水

露地蔬菜浇水要根据气候、土壤及蔬菜的需水情况进行，浇水原则如下：移植后要及时浇水，促进缓苗，缓苗后7～10天不浇水不追肥，实行蹲苗；小水勤浇，见干见湿，前轻后重；浇水时间宜选在清晨或傍晚；雨后及时排水。

2. 间苗与移植

叶菜类蔬菜苗期间苗一般在1叶和2～3叶时各一次，同时为了防止苗子徒长可以进行除草；对于不需要移植的，如茼蒿等蔬菜以2.5～3厘米的株行距进行，而对于需要移植的，如芹菜等3～4片时，以株距行距均为20～25厘米进行移植。

3. 施肥

在施足基肥的基础上，根据蔬菜种类及不同生育期的需要补施化肥，施肥要遵循“多施有机肥，少施化肥”的原则，对于叶菜类蔬菜追肥以氮肥、钙肥为主，辅以钾肥、磷肥以及一些中、微量元素钙、锌、镁等，配合一定的叶面肥磷酸二氢钾等。

4. 病虫害防治

夏季病虫泛滥，因此需加强病虫防治；加强对蔬菜病虫害的预测预报，贯彻“预防为主，综合防治”的方针。

病害：软腐病、病毒病、霜霉病等，选用杀灭真菌的药剂或广谱性杀菌农药防治，如乙膦铝、代森锰锌等。

虫害：小菜蛾、菜青虫、蚜虫、红蜘蛛等，选用阿维菌素、虫酰肼、丁虫等进行喷雾防治。

5. 其他技术措施

夏季易生杂草，及时中耕除草，有利于植株通风透光，防止杂草与蔬菜争光、争水、争肥或引发病虫害；中耕能促进根系发育，使土壤保持疏松，改善透气性，提高土壤温度。

6. 设施的应用

利用简易设施，可调节微气候环境。夏季叶菜类蔬菜所采用的简易设施是加遮阳网和防虫网，可达到遮阴、防雨效果，具有稳定夏季蔬菜生产，提高产品品质的功能。

四、叶类蔬菜收获与贮藏

1. 叶类蔬菜采收

（1）芹菜。一般定植50～60天后，叶柄长达40厘米左右，新抽嫩薹在10厘米以下，即可收获。除早秋播种的实行间拔采收外，其他都一次采收完毕。春早熟栽培易先期抽薹，应适当早收。在芹菜价格较高，或有先期抽薹现象时，还可擗收。芹菜从田间采收后，即在清洁的水池内淋洗，去掉污泥，整理一遍，分等级扎成小把，整齐地排放在特定的盛器内，随即运送至销售点，保持鲜嫩，及时销售。短期贮存时，温度宜保持在0～2℃，空气相对湿度应保持在98%～100%。

（2）莴笋。在茎充分肥大之前可随时采收嫩株上市。当莴笋顶端与最高叶片的尖端相平时适时收获。秋莴笋可在晴天用手掐去生长点和花蕾。采收后，在基部用刀削平，断面光洁，并将植株下部的老叶、黄叶割去，保留嫩茎中上部嫩梢嫩叶，按粗细长短分等级，扎成小捆，装入菜筐，用清洁水稍冲洗后销售。

（3）菠菜。一般播后35～40天，苗高10厘米，有8～9片叶时，开始分批间拔大苗，陆续上市。菠菜商品要求：同一品种或相似品种，大小基本整齐一致；鲜嫩、翠绿，叶片光洁，无泥土及草，无白斑，无病虫害，无老叶、黄叶、子叶；切根后，根长不超过0.5厘米，茎叶全长14～20厘米。菠菜从菜地采收后，在清水池中轻轻淋洗，去掉污泥，即放室内整理一遍，按质量检测要求分成等级，扎成0.5～1千克小捆，而后整齐地装入菜筐，运至销售点，保持鲜嫩销售。

（4）苋菜。春播苋菜在播后40～45天，株高10～12厘米，具有5～6片真叶时开始采收。第一次采收，即间拔过密植株，以后的各次采收用刀割取幼嫩茎叶即可，20～25片真叶以后进行第二次采收，待侧枝萌发生长到约15厘米时再进行第三次采收。每次采收，基部留桩约5厘米，以利发枝供下次采收。秋播苋菜播后约30天采收，一般一次性采收完毕。

（5）空心菜。幼苗高20厘米时可间拔采收。当主蔓或侧蔓长达30厘米左右时，采收嫩梢。温度不高，生长较慢时，可隔10天左右采收一次，而旺盛生长期须每周采摘一次。采收3～4次后，适当重采，仅留1～2节，促进茎基部重新萌发。

2. 叶类蔬菜贮藏

蔬菜在贮藏中仍然是有生命的机体，它需要抵抗不良环境和致病微生物的侵害，保持品质，降低损耗，延长贮藏期。因此，在贮藏中必须维持新鲜蔬菜的正常生命代谢，尽量减少外观、色泽、重量、硬度、口味、香味等的变化，以达到保鲜的目的。为此，有必要对蔬菜采后的生理变化采用相应的保鲜技术，促进蔬菜产业的健康发展。

（1）降低呼吸作用，延长贮藏期。降低贮藏蔬菜呼吸作用的有效方法是气调保鲜。这种方法是在机械制冷的基础上，对贮藏

环境中的气体浓度加以调节，主要是降低氧气的浓度，增加二氧化碳的浓度，以此来抑制采后蔬菜的呼吸代谢强度，降低营养物质的消耗。目前，我国应用较多的气调保鲜技术是塑料袋小包装气调、塑料大帐气调和硅橡胶窗气调。此外还有减压贮藏法，就是将贮藏场所的气压降低，一般降低到大气压的1/10，造成一定的真空度，从而达到降氧的目的，这是蔬菜及其他许多食品保鲜的一个新技术，是气调冷藏的进一步发展。减压贮藏适应范围较广，菠菜、生菜、青豆、青葱、水萝卜、蘑菇、番茄等种类在减压贮藏下效果较好，利用该法贮藏效果最好的是番茄，保鲜期可达3个月以上。

（2）减少贮菜的蒸腾作用。新鲜蔬菜含水量高达65%～95%，在贮藏中易蒸腾脱水，如得不到补充，会引起组织萎蔫、皱缩、光泽消退，使蔬菜失重失鲜、降低食用品质。所以减少贮藏蔬菜的蒸腾与萎蔫相当重要，应根据不同蔬菜的特性，控制贮藏期间的环境条件，如叶菜类的叶片表面积较大，成长叶片、幼嫩叶片的气孔较多较大，蒸腾严重，在贮藏中最易脱水萎蔫。因此，要增加贮藏室（库）的空气湿度，减少空气流动，使贮菜处在高湿度环境中，蒸腾作用降到最低。此外，选用适当的包装材料也是提高保鲜技术的有效措施。蒸发剧烈的蔬菜宜用防混浊性的包装材料，此类薄膜具有疏水性，为提高亲水性可涂表面活性剂，使薄膜表面生成薄水膜，这不仅能防混浊，而且能防止包装内水分凝结。在包装内还可放入水分蒸发抑制剂、乙烯吸附剂、杀菌剂、蓄冷剂等，有助于保鲜。

（3）抑制采后的后熟与衰老。蔬菜从采收开始就进入衰老阶段，表现在细胞内核糖体数目减少，叶绿体开始崩溃，线粒体减少，细胞老化，不耐贮藏，易腐烂。衰老是和乙烯、赤霉素以及其他激素在蔬菜中的含量以及在贮藏中的变化、蔬菜的生长发育状况及贮藏条件等有密切关系的。要延缓蔬菜的衰老，延长贮藏期，一是选择健壮、生长良好的蔬菜进行贮藏；二是严格控制蔬菜在贮藏过程中乙烯和其他激素的含量，以利延缓蔬菜衰老；三是创造最佳贮藏条件，如控制温湿度、气体组成和配比等。

（4）重视产地预冷与低温贮藏，减少贮菜损耗。产地预冷是蔬菜采后保鲜的关键一环，伴随蔬菜出口的发展，蔬菜产地预冷日益受到重视。预冷的作用是快速除去田间热，有效降低蔬菜自身的代谢水平，减少养分消耗，延缓衰老，延长蔬菜保鲜期。在高温下，延长从采收到预冷的时间会促进蔬菜衰老，大大缩短蔬菜保鲜期。低温能有效地抑制腐烂病菌的生长和活动，减少养分损耗。蔬菜在产地预冷后，由冷藏集装箱运输进入流通，到销地后进入周转冷库或销售冷柜，能最大限度地保持蔬菜的品质，减少流通损耗。由于各种蔬菜对温度的反应不一，确定蔬菜的贮藏温度，必须根据蔬菜本身对低温的适应性而定。

（5）延缓物质转化与消耗，保持贮菜质量。蔬菜在贮藏过程中，各类物质的合成、水解的动态平衡是不断变化的。多数蔬菜在贮藏过程中合成作用逐渐减弱，水解不断加强，积累了简单的水解产物，从而刺激呼吸作用，有利于微生物活动。果胶物质的转化降低了蔬菜的抗机械力性能。蔬菜颜色的转变，常常是后熟老化的标志。同时，蔬菜中维生素C在贮藏期间以不同速度逐渐减少。为此，延缓蔬菜营养物质的转化与消耗，是保持贮菜质量的关键环节之一，商业上采用降低呼吸作用，抑制后熟与衰老，创造最适贮藏条件和气体组成等措施，均能得到满意的结果。

（6）提高耐藏性与抗病性。蔬菜的耐藏性是指经过一段时间贮藏后，食用价值和风味无显著降低，重量损耗小；抗病性是指蔬菜抵抗腐烂病菌侵害的能力。两者是紧密联系、互为依存的，耐藏性强的蔬菜对腐烂病菌具有较强的免疫力，反之较差。从蔬菜的特性而言，以营养器官为食用部分的蔬菜，如菠菜、芹菜、芥菜、茼蒿、苋菜、空心菜、苜蓿等，含水量多，酶种类和数量多，呼吸代谢旺盛，物质分解快，大多不耐贮藏，抗病性差。幼嫩的黄瓜、丝瓜、菜豆、辣椒、茄子也不耐贮藏，而老熟的冬瓜、南瓜较耐贮藏。以营养积累器官为食用部分的蔬菜——块茎、块根、叶球、鳞茎类亦较耐贮藏，其中晚熟种比早熟种耐贮藏，抗病性强。

第二章 叶类蔬菜侵染性病害防治

一、褐斑病

1. 病害特征

该病为害生菜、莴苣等蔬菜。在各生育期都可发生，主要为害叶片（图2-1至图2-4）。表现为两种症状：一种为水渍状，以后逐渐扩大为圆形至不规则形、褐色至暗灰色病斑，直径2～10毫米；另一种是深褐色病斑，边缘不规则，外围具水渍状晕圈，潮湿时有暗灰色霉状物，严重时病斑互相融合，使叶片变褐干枯。

图2-1　生菜褐斑病病叶

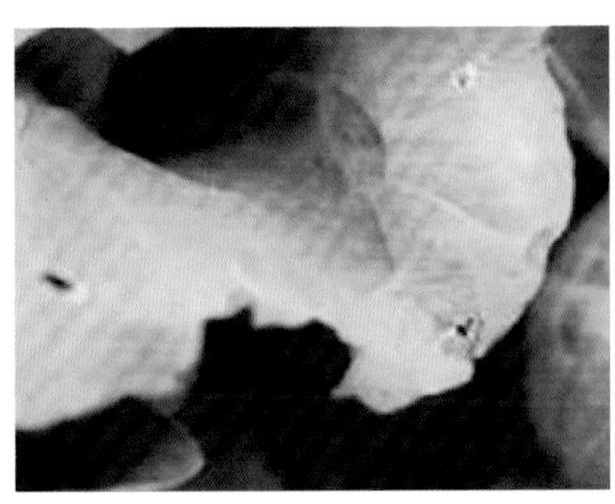

图2-2　莴苣褐斑病病叶

图2-3 白菜叶柄病斑

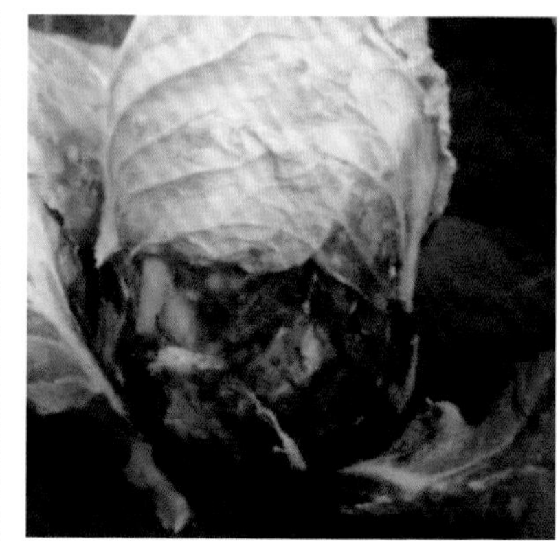

图2-4 叶柄基部腐烂

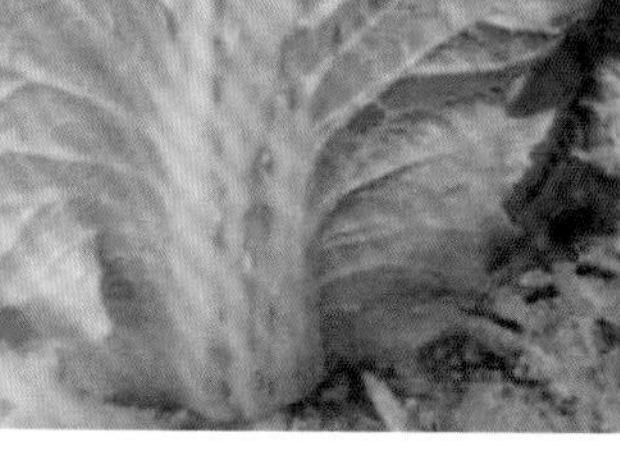

2. 发病规律

病菌以菌丝体和分生孢子在病残体上越冬，为翌年的初侵染源。当条件适合时病菌产生分生孢子进行初侵染，借气流、雨水等传播。温暖潮湿适宜发病，秋季多雨、多露或多雾均有利于发病。植株生长衰弱，缺肥或偏施氮肥、生长过旺等，病害发生较重。

3. 防治方法

（1）结合采摘叶片收集病残体携出田外销毁。

（2）清沟排水，避免偏施氮肥，适时喷施叶面肥等，使植株健壮生长，增强抵抗力。

（3）发病初期开始喷洒75%百菌清可湿性粉剂1 000倍液、70%甲基硫菌灵可湿性粉剂1 000倍液、50%异菌脲可湿性粉剂1 500倍液、60%琥·三乙膦酸铝可湿性粉剂500倍液、10%苯醚甲环唑可分散粒剂2 000倍液等，隔10～15天1次，连续交替用药防治2～3次，收获前10天停止用药。

二、白斑病

1. 病害特征

该病主要为害大白菜、甘蓝、花椰菜、萝卜等多种蔬菜。发病初期在叶片上散生灰白色圆形病斑，后扩大成浅灰色圆形至近圆形斑，病斑周缘有时有晕环。叶背病斑周缘多不明显，随病情发展病斑两面呈现不明显轮纹。空气潮湿时，病斑背面产生灰白色绒状霉层，即病菌的分生孢子梗和分生孢子。病情严重时，多个病斑连接成片，终致叶片枯死，病斑一般不穿孔。叶柄染病，多形成近椭圆形斑，灰白至灰褐色，边缘模糊，呈放射状，病斑表面色泽不均，凹凸不平，湿度大时病部呈水渍状坏死腐烂（图2-5至图2-8）。

2. 发病规律

病菌主要以菌丝随病残体组织越冬。翌年条件适宜时产生分生孢子通过浇水或降雨飞溅形成初侵染，发病后产生分生孢子借风雨传播进行多次再侵染。病菌对温度要求不严格，5～28℃下均可发病，以11～23℃较适宜。旬均温23℃左右，相对湿度高于62%，降水量达16毫米以上，雨后12～16天即开始发病。生长期低温多雨或在梅雨季后，发病普遍。此外，一般土壤黏重、地势低洼、种植期正逢雨季或与十字花科蔬菜连作，发病严重。

3. 防治方法

（1）平整土地，重病区实行与非白菜类蔬菜2～3年轮作。

（2）避开雨季适期栽种，增施底肥，生长期加强管理，避免田间积水。

（3）发病初期进行药剂防治，可选用50%敌菌灵可湿性粉

剂400～500倍液，或50%多菌灵可湿性粉剂600～800倍液，或40%氟硅唑乳油6 000～8 000倍液，或70%甲基硫菌灵500～600倍液，或80%代森锰锌可湿性粉剂500～600倍液，或40%多·硫悬浮剂500～600倍液，或2%春雷霉素水剂600～800倍液喷雾，10～15天防治1次，根据病情防治1～3次。

图2-5　白菜白斑病叶片

图2-6　白菜白斑病植株

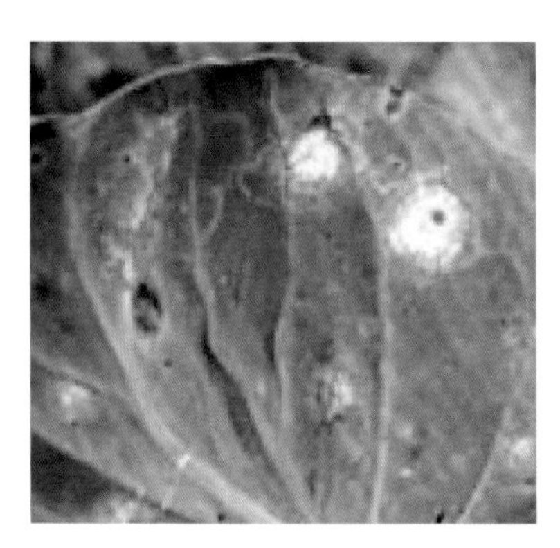

图2-7　菜薹白斑病

图2-8　上海青白斑病

三、黑斑病

1. 病害特征

可为害白菜、甘蓝、花菜、芥菜、萝卜等。主要为害叶片和叶柄。叶片染病，多从外叶开始，初生近圆形褪绿斑，后渐扩大成灰褐色圆斑，有明显的同心轮纹，病斑周围有时有黄色晕环。在高温高湿条件下病部穿孔，发病严重时，病斑汇合成大的斑块，致半叶或整叶枯死，病斑上着生黑色霉状物。茎和叶柄上病斑呈纵条形，其上产生黑色霉状物（图2-9、图2-10）。

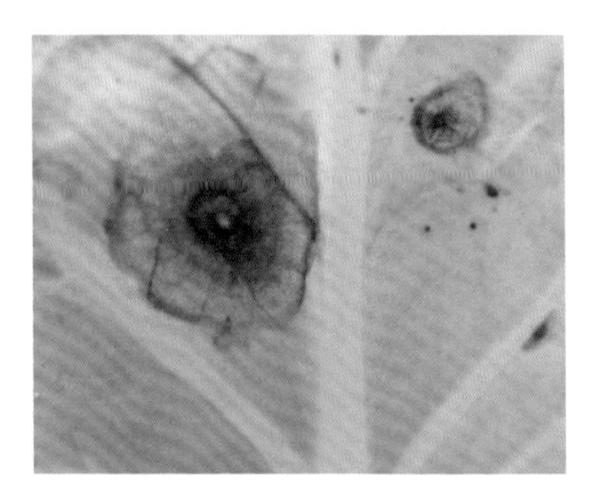

图2-9　白菜叶黑斑病症状

图2-10　生菜叶黑斑病症状

2. 发病规律

病菌主要以菌丝体及分生孢子在病残体上、土壤中、采种株上以及种子表面越冬，翌年产生孢子从气孔或直接穿透表皮侵入。南方以分生孢子在十字花科蔬菜上辗转侵害，周年均可发生，无明显越冬期。分生孢子借风雨传播，萌发产生芽管，从寄主气孔或表皮直接侵入。环境条件适宜时，病斑上能产生大量的分生孢子进行重复侵染，扩大蔓延为害。发病适宜温度11.8～19.2℃，相对湿度72%～85%，多雨高湿及温度偏低发病早而重。

3. 防治方法

（1）选用适合的抗病品种；与非十字花科蔬菜轮作2～3年；施足基肥，增施磷、钾肥，提高菜株抗病力。

（2）在发病前或发病初期，每亩[①]可选用68.75%噁酮·锰锌水分散粒剂45～75克，或10%苯醚甲环唑水分散粒剂35～50克，或43%戊唑醇悬浮剂15～18毫升，或2%嘧啶核苷类抗菌素水剂200倍液，均匀喷雾，隔7～10天防治1次，连续防治2～3次。

四、缩叶病

1. 病害特征

全生育期均可发病。幼株发病对生产影响大，主要发生在幼株上，初幼嫩叶片、叶柄、茎蔓上产生不定型的小斑点，后扩展成大小不一的坏死斑，黄褐色或红褐色，后期在病斑表面产生灰白色粉霉状物，即病原菌的分生孢子梗和分生孢子。发病严重的幼芽扭曲，嫩蔓黄萎，叶片卷曲（图2-11）。

图2-11　长寿菜缩叶病

① 1亩≈667米^2，全书同。

2. 发生规律

在田间，病菌先侵染侧根，再侵染到肉质根。土壤偏碱发病重。

3. 防治方法

（1）进行4～6年轮作。多施绿肥或生物有机肥，施入土壤添加剂SH有抑制发病的作用。

（2）选用抗病品种。

（3）严格控制病菌，防止传入未发病田，在pH值5～5.2病害受抑制，向土壤中施入硫化物可减少发病。

五、叶枯病

1. 病害特征

叶枯病又称斑枯病、晚疫病，症状包括两种。一种是老叶先发病，后传染到新叶上。叶上病斑多散生，大小不等，直径0.3～1厘米，初为淡褐色油渍状小斑点，后逐渐扩大，中部呈褐色坏死，中间散生少量小黑点。另一种开始不易与前者区别，后中央呈黄白色或灰白色，边缘聚生很多黑色小粒点，病斑外常具一圈黄色晕环，病斑直径不等。叶柄或茎部染病，病斑褐色，长圆形稍凹陷，中部散生黑色小点（图2-12至图2-15）。

2. 发病规律

该病为芹菜壳针孢属病菌侵染引起的真菌性病害。菌丝体在种皮内或病残体上越冬。播种带菌种子，出苗后即染病，产出分生孢子在育苗畦内传播蔓延。病残体上越冬的病原菌，在适宜的温湿度条件下，借风雨传播。孢子经气孔或穿透表皮侵入，经8天

潜育，病部又产出分生孢子进行再侵染。在冷凉和高湿条件下易发生，气温20～25℃，湿度大时发病重。连阴雨或白天干燥，夜间有雾或露水及温度过高过低，植株衰弱时发病重。

图2-12　芹菜叶枯病初期症状

图2-13　芹菜叶枯病中期症状

图2-14　芹菜叶枯病后期症状

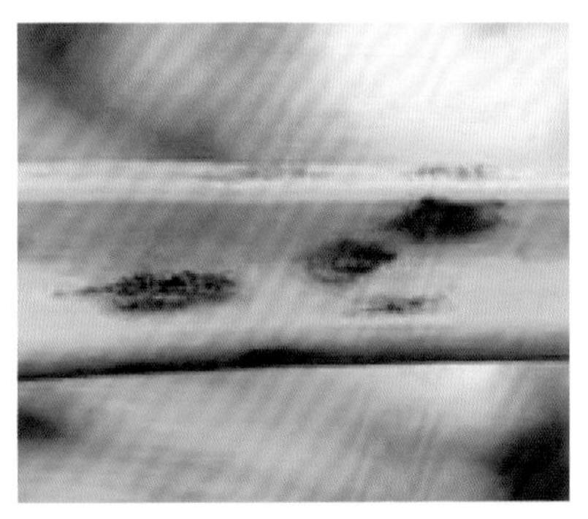

图2-15　芹菜叶枯病叶柄症状

3. 防治方法

（1）选用无病种子，对种子进行消毒，用50℃温水浸10～15分钟，边浸边搅拌，然后移入冷水中冷却。

（2）保护地栽培要注意降温排湿，昼温控制在15～20℃，高于20℃要及时放风，夜温控制在10～15℃，缩小昼夜温差，减少结露，切忌大水漫灌。

六、白粉病

1. 病害特征

该病主要为害菜薹、菜心、芥菜、甘蓝、花菜等。主要为害叶片、茎、花器等，产生白粉状霉层，即分生孢子梗和分生孢子。初为近圆形放射状粉斑，后布满各部，发病轻的病变不明显；发病重的造成叶片褪绿黄化早枯。随病情发展，叶两面布满病斑，至叶片逐渐褪绿黄化，最后萎蔫枯死。除为害白菜类外，还为害甘蓝类、芥菜类（图2-16、图2-17）。

图2-16　白菜叶白粉病

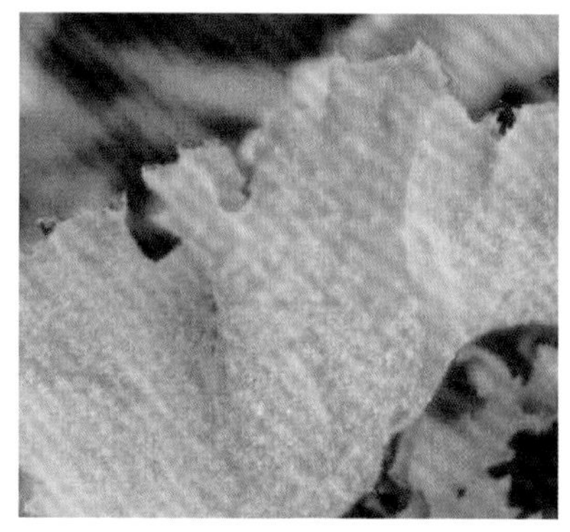

图2-17　结球莴苣叶白粉病

2. 发病规律

北方主要以闭囊壳随病残体越冬，成为翌年初侵染源。分生孢子借气流传播，孢子萌发后产出侵染丝直接侵入寄主表皮，菌丝体匍匐于寄主叶面不断伸长蔓延，迅速流行。南方全年种植十字花科蔬菜地区，则以菌丝或分生孢子在十字花科蔬菜上辗转为害。一般干旱少雨年份或棚内温暖干燥，植株生长衰弱，或偏施氮肥的地块发病重。

3. 防治方法

（1）收获后，彻底清除病残落叶，集中妥善处理，减少菌源。

（2）施足有机底肥，适当增加磷、钾肥，生长期加强田间水肥管理，增强植株的抗病力。

（3）发病初期进行药剂防治，喷洒15%三唑酮可湿性粉剂或20%三唑酮乳油2 000～2 500倍液、30%固体石硫合剂150倍液、40%多·硫悬浮剂600倍液、2%嘧啶核苷类抗菌素水剂或2%武夷菌素（BO-10）水剂150～200倍液，隔7～10天1次，防治1次或2次。

七、炭疽病

1. 病害特征

该病主要为害白菜、小白菜、萝卜、芜菁、芥菜等多种蔬菜。主要为害叶片、叶柄和中脉，也可为害花梗等。叶病斑直径1～3毫米，圆形或近圆形，灰褐色，稍凹陷，呈薄纸状，边缘褐色，稍隆起；后期病斑呈灰白色，半透明，易穿孔。叶背多为害叶脉，形成条状、褐色、凹陷的病斑。叶柄、花梗及种荚病斑长圆形至纺锤形，褐色至灰褐色、凹陷，湿度大时，病斑上有粉红色黏质物溢出，即病菌的分生孢子盘和分生孢子（图2-18至图2-23）。

图2-18　大白菜炭疽病初期症状

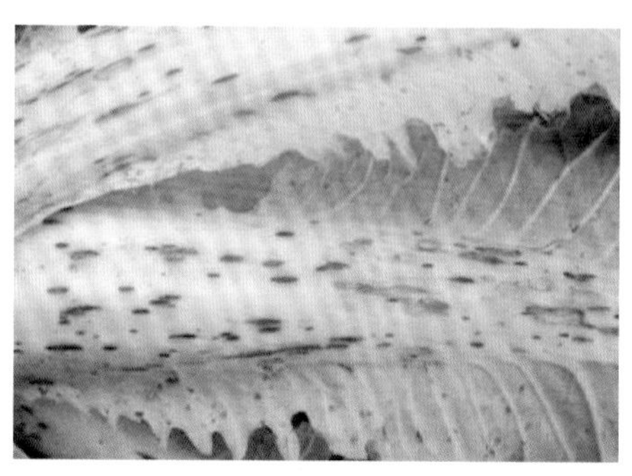

图2-19　大白菜炭疽病后期症状

图2-20　大白菜炭疽病病斑穿孔

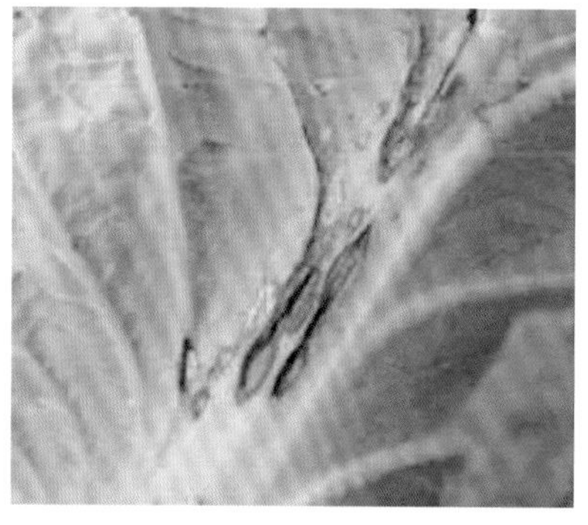

图2-21　大白菜粉红色黏质物溢出

图2-22　茼蒿炭疽病病叶

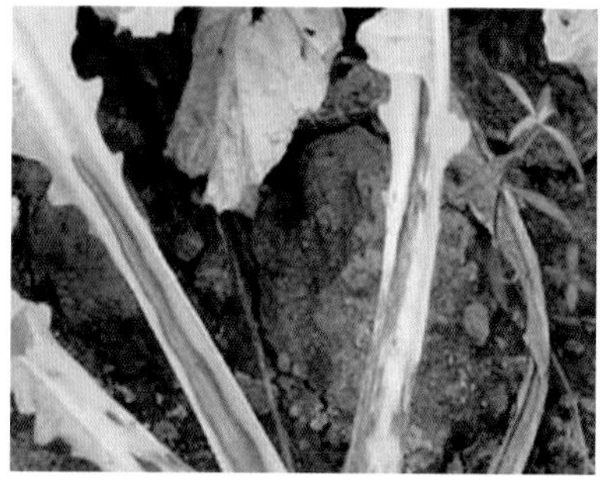

图2-23　芥菜炭疽病症状

2. 发病规律

病菌主要以菌丝体在病残体内或以分生孢子黏附种子表面越冬。越冬菌源借风雨传播，可多次再侵染。碱性条件利于产孢，酸性条件利于孢子萌发，光照可刺激菌丝生长，高温多雨是引起发病的重要条件。7—9月高温多雨，或降雨次数多发病较重。此外，地势低洼，田间积水，种植密度过大，管理粗放，植株生长衰弱的地块发病重。

3. 防治方法

（1）选用抗病品种。

（2）种子消毒。种子可在50～52℃温水中浸泡20分钟，或用种子重量0.4%的50%多菌灵拌种。

（3）清洁田园，重病地块与非十字花科蔬菜隔年轮作，调整种植期使苗期至莲座期避开高温多雨季节。

（4）药剂防治。发病初期用50%多菌灵500倍液，或多氧霉素1 000倍液，或40%多・硫悬浮剂600倍液，或80%炭疽・福美800倍液喷雾，隔7～10天喷1次，连续喷1～3次。

八、软腐病

1. 病害特征

该病主要为害白菜、甘蓝、花椰菜等十字花科蔬菜以及莴苣、芹菜、葱、蒜等蔬菜。从莲座期到包心期均易发病，尤以包心期发病较重。初发病时病株在烈日下表现萎蔫，早晚恢复。随着病情发展，病株整株萎蔫，早晚不能恢复并脱帮，叶球外露，稍摇动即全株倒地。病部由叶基向根茎发展，使茎部腐烂。腐烂的组织呈黏滑软腐状。有的发生心腐，从茎基部向上发生腐烂。

在干燥的条件下，腐烂的病叶经日晒逐渐失水变干，呈薄纸状，紧贴叶球。腐烂处均产生硫化氢恶臭味，为本病重要特征，区别于黑腐病（图2-24至图2-27）。

图2-24　茎基部向上发生腐烂

图2-25　菜心腐烂

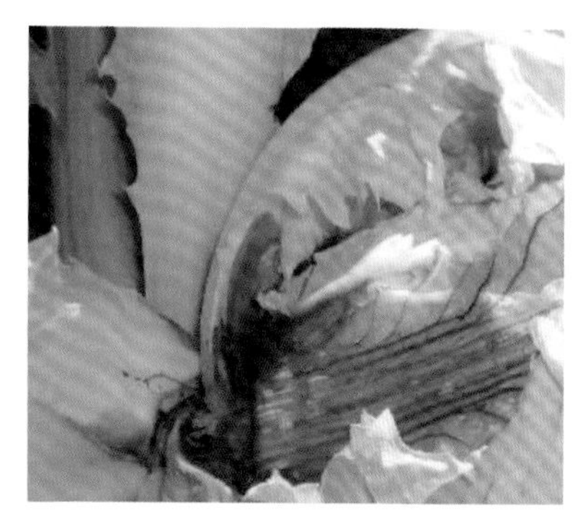

图2-26　根部溃烂

图2-27　腐烂的病叶变干

2. 发病规律

病菌主要在病株或土壤堆肥中的病残体上越冬。通过雨水、灌溉水、带菌肥料、昆虫传播，由自然裂口和虫伤口等侵入，重

复侵染。病菌生长发育温度为2～40℃，最适温度为25～30℃，致死温度为50℃。生长后期高温多雨、病虫及人为造成的伤口多或花球内长时间积水，病害发生较重。地势低洼、积水、管理粗放，或前茬作物残体未彻底清除就整地种植，病害发生严重。

3. 防治方法

（1）高畦栽培，畦面成龟背形，避免积水。

（2）加强肥水管理，注意先用充分腐熟的粪肥作基肥，如天气比较干燥则用清水肥浇灌，浇灌时只灌畦面不接触心叶，忌大水漫灌，只能小水开沟浸灌。

（3）间种葱蒜韭菜等作物。

（4）彻底防治传病害虫，特别是加强对菜蛾、菜白蝶、黄条跳甲的防治，治虫工作做得好的菜区，病害少。

（5）药剂预防，用50%代森铵可湿性粉剂1 000倍液，每亩每次喷60～75千克，隔7～10天喷一次，共喷2～3次，可兼治霜霉病、黑腐病等，但必须在收获前150天使用，以免影响人体健康。用农用链霉素100～200个单位喷雾每亩每次用药液75～100千克。灌根每窝250克。用70%敌磺钠原粉500倍液，浇根每窝250克，均有良效。

九、立枯病

1. 病害特征

该病为幼苗病害，主要为害叶菜类、番茄、茄子、辣椒、黄瓜、豆类等多种蔬菜幼苗。立枯病多发生在育苗的中、后期，刚出土的幼苗亦可发病。受害幼苗基部产生椭圆形暗褐色病斑，并有轮纹，病苗茎基变褐，后病部收缩细缢，茎叶萎垂枯死。湿度大时可看到淡褐色蛛丝状霉，但不显著。稍大的幼苗白天萎蔫，夜间恢复，病斑逐渐凹陷，病斑逐渐扩大后可绕茎一周，甚至木质部外露，最后病部收缩干枯，叶片萎蔫，不能恢复原状，幼苗干枯死亡，但不呈猝倒状。病部不长白色棉絮状霉（图2-28至图2-31）。

图2-28　幼苗基部褐色病斑

图2-29　幼苗干枯死亡

图2-30　芹菜立枯病症状

图2-31　西瓜立枯病症状

2. 发病规律

立枯病菌以菌丝体或菌核在土壤中或病组织上越冬，腐生性较强，一般在土壤中可存活2～3年。在适宜的环境条件下，病菌

从伤口或表皮直接侵入幼茎、根部而引起发病。此外还可通过雨水、流水、农具以及带菌的堆肥传播为害。

3. 防治方法

（1）选择地势高、干燥的地块育苗。

（2）30%噁霉灵水剂2 000～2 500倍液苗床喷雾，或用35%甲霜·福美双可湿性粉剂150～200克/亩拌苗床土。发病时，选用30%甲霜·噁霉灵水剂500～800倍液喷雾。

十、根肿病

1. 病害特征

该病主要为害白菜、菜薹、甘蓝、花菜等。只为害植株根部，幼苗或成株期均可受害。病株根部肿大呈瘤状，其形状大小受着生部位影响较大，主根上的瘤多靠近上部，球形或近球形，侧根上的瘤多呈圆筒形，手指状；须根上的瘤数目可多达20余个，并串生在一起。病株生长迟缓，叶色变淡，在晴天中午凋萎下垂，早晚恢复，后期外叶发黄枯萎，有时全株枯死。发病后期，病瘤龟裂、粗糙，易被软腐细菌等侵染，造成组织腐烂或崩溃，散发臭气，致整株死亡（图2-32至图2-35）。

2. 发病规律

病菌以休眠孢子囊在土壤中或黏附在种子上越冬，并可在土中存活10～15年。孢子囊借雨、灌溉水、害虫及农事操作等传播，萌发产生游动孢子侵入寄主，10天左右根部长出肿瘤。病菌在9～30℃均可发育，适温为23℃。适宜相对湿度50%～98%。适宜pH值为6.2，pH值为7.2以上发病少。一般低洼及水改旱田后或氧化钙（CaO）不足发病重。

图2-32　白菜苗期根肿病

图2-33　白菜成熟期根肿病

图2-34　甘蓝根肿病

图2-35　油菜根肿病

3. 防治方法

（1）与非十字花科蔬菜实行3年以上轮作，避免在低洼积水地或酸性土壤中种植白菜；采用无病土育苗或播前用甲醛消毒苗床；改良定植田的土壤，结合整地在酸性土壤中每亩施消石灰60～100千克，进行表土浅翻，定植前在畦面或定植穴内浇2%石灰水，减少根肿病发生，或发病初期用15%石灰乳灌根，每株0.3～0.5升，也可以减轻为害。加强栽培管理，在白菜生长期适时浇水追肥，中耕除草，提高植株抗病能力。

（2）在发病初期拔除病株，在病穴四周撒石灰，或用50%氟啶胺悬浮剂每亩267～333毫升，对水60～100升均匀喷雾于土壤表面。

十一、猝倒病

1. 病害特征

猝倒病又称卡脖子，是各种蔬菜苗期的重要病害。主要为害瓜类、茄果类及叶类蔬菜等。种子在萌发后出土前受侵染可造成烂种，幼苗出土后在茎基部呈现水渍状，病部随即缢缩凹陷，幼苗猝倒。地面潮湿时病部表面生白色棉毛状霉层。幼苗被害后，茎基部出现水渍状（像开水烫过一样）病斑，很快变成黄褐色。病部缢缩呈线状，病情迅速发展，幼苗折倒，故称猝倒病。发生严重时，苗尚未出土即已烂种烂芽。开始时是个别苗发病，形成发病中心，向邻近的植株蔓延，引起成片幼苗猝倒。在高温高湿条件下，病残体表面及附近土壤上长出一层白色棉絮状物，即病菌的菌丝体（图2-36、图2-37）。

图2-36　白菜苗期猝倒病

图2-37　苗期猝倒病茎基部

2. 发病规律

病原菌腐生性很强，可在土中长期存活，也能以菌丝体在病残体和腐殖质上营腐生生活，产生孢子囊和游动孢子，侵染幼苗引起猝倒病。孢子囊形成需要高温。病菌生长适温为29～31℃。可借雨水或灌溉水流动传播。此外，带菌堆肥、农具等，也能传播病害。

3. 防治方法

（1）防治蔬菜苗期猝倒病，主要是加强栽培管理，控制发病条件，提高幼苗抗病力。床土应选用无病新土，播种前可用50～55℃温水浸种10～15分钟，进行种子消毒。播前一次灌足底水，出苗后尽量不浇水，必须浇水时一定选晴天，不宜大水漫灌，注意通风排湿。果菜类苗床要做好保温工作，白天床温不能低于20℃，阴天低温时，可松土提温降湿。连阴天转晴后，要加强通风。

（2）播种前进行床土消毒。每平方米苗床施用50%拌种双粉剂7克，或40%五氯硝基苯粉剂9克，或五代合剂（五氯硝基苯和代森锌等量混合）8～10克，或25%甲霜灵可湿粉剂9克+70%代森锰锌可湿性粉剂1克对细土4～5千克拌匀。施用前先把苗床底水打好，且一次浇透，水渗下后，取1/3药土撒在畦面上，播种后再把其余2/3药土覆盖在种子上面，如覆土厚度不够可补充其他净土达到适宜厚度。由于种子处在药土中间，防效明显，残效期可达1个月左右。也可用50%多菌灵可湿性粉剂处理土壤，方法同上。

播种前进行种子消毒，用50%福美双可湿性粉剂，或用65%代森锌可湿性粉剂，或用40%拌种双拌种，用药量为种子重量的0.3%～0.4%。

幼苗发病后选用48%敌磺·福美双可湿性粉剂600～800倍液喷雾，或用20%乙酸铜可湿性粉剂150～200倍液灌根。苗床有少数病苗时，立即拔除病株，若床土潮湿，应撒施少量细干土，或用草木灰降低湿度。若床土较干，可喷洒75%百菌清可湿性粉剂800～1 000倍液，或50%福美双可湿性粉剂500倍液，或70%五氯硝基苯600倍液，或65%代森锌可湿性粉剂600倍液，或72.2%霜霉威盐酸盐水剂400倍液，或15%噁霉灵水剂450倍液，每立方米用药液3升。

十二、霜霉病

1. 病害特征

该病主要为害大白菜、甘蓝、花椰菜、榨菜、芥菜、萝卜、芜菁等多种蔬菜。从苗期到成株期均可发生。发病初期先在叶面出现多角形或不规则形淡绿色或黄色斑点，叶片正面也可发生。后期病斑扩大，呈褐色，叶干枯早落。成株期叶片发病，多从下部或外部叶片开始。病斑扩大后为黄色或黄褐色，枯死后变为褐色。空气潮湿时，在相应的叶背面布满白色至灰白色霜状霉层（孢囊梗和孢子囊），故称霜霉病。花轴受害后的弯曲肿胀呈“龙头”状。花器受害后呈畸形，花瓣肥厚，变成绿叶状，后期凋落，不能结实；空气潮湿时，花轴、花器表面可产生比较茂密的白色至灰白色霉层（图2-38、图2-39）。

2. 发病规律

病原以菌丝在种子或秋冬结球莴苣上越冬，也可以卵孢子在病残体上越冬。越冬病菌在翌春产生孢子囊，通过气流、浇水、农事及昆虫传播。田间孢子囊常间接萌发，产生游动孢子，部分直接萌发产生芽管，从寄主的表皮或气孔侵入。孢子囊萌发适温为6～10℃，侵入适温为15～17℃。田间种植过密，定植后浇水过早和过大、田间积水、空气湿度高、夜间结露长或春末夏初或秋季连续阴雨，病害发生严重。

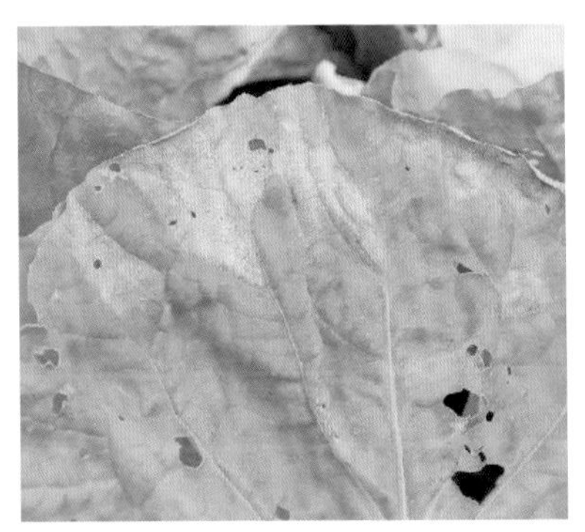

图2-38　白菜霜霉病不规则病斑

图2-39　白菜叶片背面灰白色霉层

3. 防治方法

（1）农业防治。一是重病田要实行2～3年轮作。施足腐熟的有机肥，提高植株抗病能力。二是合理密植，科学浇水，防止大水漫灌，以防病害随水流传播。加强放风，降低湿度。三是如发现被霜霉病菌侵染的病株，要及时拔除，带出田外烧毁或深埋。同时，撒施生石灰处理定植穴，防止病源扩散。收获时，彻底清除残株落叶，并将其带到田外深埋或烧毁。

（2）药剂防治。可以在发病初期用75%百菌清可湿性粉剂500倍液喷雾，发病较重时用58%甲霜·锰锌可湿性粉剂500倍液或69%烯酰·锰锌可湿性粉剂800倍液喷雾。隔7天喷一次，连续防治2～3次，可有效控制霜霉病的蔓延。同时，可结合喷洒叶面肥和植物生长调节剂进行防治，效果更佳。

（3）物理防治。病发前2周喷布200倍液高脂膜（乳剂），约10天喷一次，叶背叶面要周到。

十三、灰霉病

1. 病害特征

该病主要为害莴苣、紫甘蓝、芥蓝、樱桃萝卜等蔬菜。此病多从植株结有水膜或者小水滴的叶缘及植株中下部受伤的叶柄和枯黄的外叶开始发生。初期呈水渍状，随病斑扩展，使病部组织迅速坏死腐烂，在叶片上形成V形或不规则形坏死斑。灰霉病病斑上生有大量的灰褐色霉菌，只要空气流动，病菌就可以大量随风传播，进行再次侵染（图2-40、图2-41）。

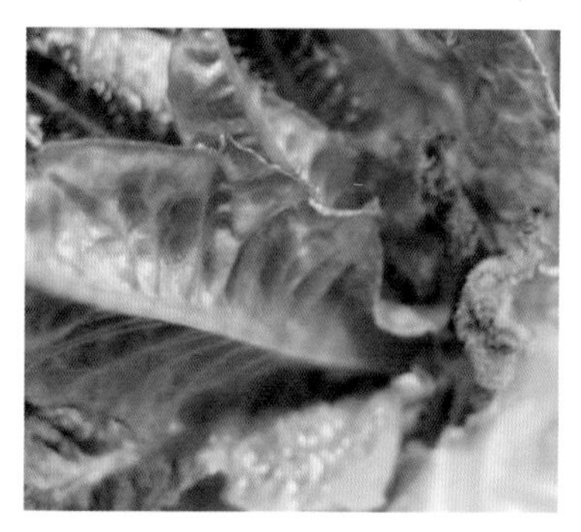

图2-40　莴苣灰霉病症状

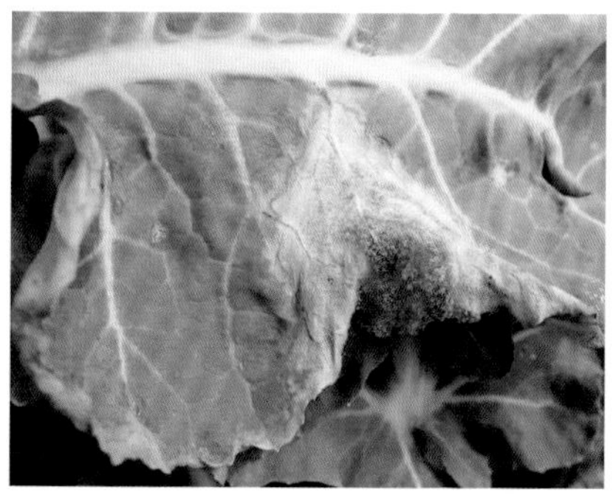

图2-41　甘蓝灰霉病症状

2. 发病规律

灰霉病病原菌主要以病残体中的菌核、菌丝、分生孢子越夏或越冬，借助气流、雨水或露水传播。此外，一些农事操作，如浇水、采收甚至在田间穿行都可以人为携带病菌，将其传播开来。灰霉病的流行还与环境条件关系密切。病菌发育最适宜温度为18～25℃，最低为4℃，最高为32℃。灰霉病对空气湿度要求高，只有在湿度达90%以上时，才易发病。节能日光温室等设施栽培，因室内空气湿度高，才使其成为发生普遍、为害严重的主要病害。灰霉病病菌孢子的萌发需要一定的营养，因此一般病菌侵染都是从寄主死亡或衰弱的部位开始，如下部叶片，是灰霉病较易侵染的部位。此外，一些较大的伤口，都可以成为灰霉病的侵染点。

3. 防治方法

（1）选用较抗灰霉病的品种，加强田间管理，合理密植，增强田间通风透光条件，及时摘除接地部老叶。及时落秧，保持秧高距棚顶1米距离。落秧时将底部叶片全部摘除。围绕着降低棚内湿度，采取提高棚内夜间温度，增强白天通风时间，采取滴灌方法，减少大水漫灌。

（2）及时摘除病叶，防止交叉感染，可将病叶用纸或塑料袋包裹摘除，连包裹物集中销毁或深埋。

（3）可在茬口安排前，耕翻土壤，使棚室内保持35～40℃高温3～5天，灭杀棚室内及土壤中的部分病菌。

（4）发病后可用50%氯溴异氰尿酸可溶性粉剂800倍液、28%灰霉立克可湿性粉剂600倍液、50%腐霉利可湿性粉剂1 500倍液防治。

十四、轮纹病

1. 病害特征

苗期、成株期均可发病，多发生在夏秋露地或棚室。初发病时叶上现褐色小点，多呈水渍状，四周组织稍褪绿，有的变黄，后逐渐扩展成不规则形或近椭圆形褐斑，上生同心轮纹，四周具黄晕，后期病斑上长出黑色小粒点，即病原菌的分生孢子器（图2-42、图2-43）。

图2-42　生菜轮纹病

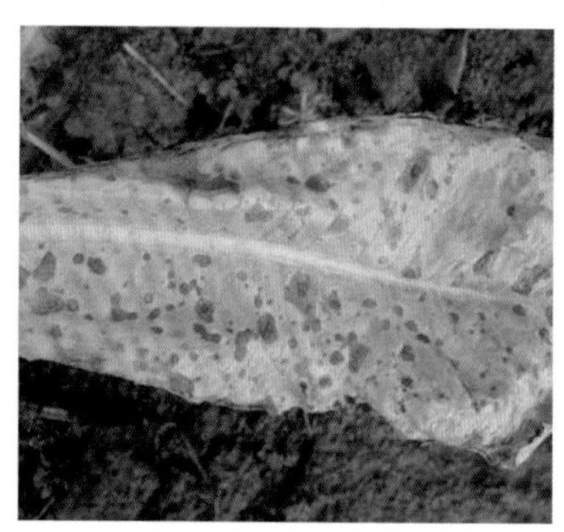

图2-43　莴笋轮纹病

2. 发生规律

病菌以分生孢子器随病残体留在土壤中越冬，种子也可带菌。条件适宜时从分生孢子器中释放出分生孢子，通过风雨或灌溉水传播，从气孔或伤口侵入，进行初侵染和多次再侵染，均温18～25℃，相对湿度高于85%易发病。生产上施氮肥过多、栽植过密、湿气滞留发病重。

3. 防治方法

（1）实行2～3年轮作。收获后清洁田园以减少菌源。

（2）播种前种子用52℃温水浸种20分钟或用种子重量0.3%的50%异菌脲或70%甲基硫菌灵可湿性粉剂拌种。

（3）采用配方施肥技术，注意增施磷、钾肥。合理密植，雨后及时排水，防止湿气滞留。

（4）发病初期喷洒20%唑菌酯悬浮剂900倍液或25%戊唑醇可湿性粉剂2 000倍液、70%代森联水分散粒剂600倍液、50%异菌脲可湿性粉剂800倍液。

十五、菌核病

1. 病害特征

该病主要为害大白菜、普通白菜、茄子、辣椒、芹菜、紫菜薹等。发病部位多在茎基部和叶柄处，有时花梗及种荚也受害。病斑初为黄褐色，后变为灰白色，最后全部腐烂。并产生白色棉絮状的菌丝体和鼠粪状的菌核。茎基部多中空，内有黑色种荚受害病斑也变为白色，结实不良或不结实，荚内生有黑色粒状物，即菌核（图2-44至图2-47）。

2. 发病规律

病菌以菌核和病残体在土壤中越冬。只要土壤湿润，菌核就萌发产生子囊盘和子囊孢子，子囊盘开放后子囊孢子萌发，先侵害植株根颈部或基部叶片，受害病叶和邻近健康植株接触即可传病，菌核本身也可产生菌丝，直接侵入茎基部或近地面叶片。发病中期，病部长出白色絮状菌丝，形成新的菌核，萌发后进行再次侵染。发病后期产生的菌核则随病残体落入土中越冬。该病在低温潮湿环境条件下易流行，菌核萌发的温度范围为5～20℃，最适温度为15℃，相对湿度在85%以上时，有利于该病的发生与流行。

3. 防治方法

（1）对于菌核病发病重的田地，在夏季休耕的时候要进行地内灌水，覆盖地膜，同时要闭棚升温几天，利用高温高湿杀菌，菌核病防治效果显著。

图2-44　茎基部病害

图2-45　白色棉絮状的菌丝体

图2-46　白菜叶病症

图2-47　白菜帮病症

（2）在种植蔬菜的过程中，要加强田间管理工作，及时松土除草，同时要覆盖地膜，阻挡病菌孢子出土，也是防止蔬菜菌核病的有效防治措施。

（3）对于菌核病发病重的地块，可以实行与水生蔬菜，或者是与禾本科作物隔年轮作，可减少蔬菜菌核病发生概率。

（4）在下雨后，管理人员要及时清理沟系，防止田间积水；在晴天要及时放风排湿，降低空气湿度。

（5）蔬菜施肥是非常重要的环节之一，在施肥时要合理施用氮肥，适当增施磷、钾肥，增强植株的抗病能力。

（6）当发现蔬菜病株时，要及时拔除，并集中带出棚外烧毁或者掩埋，防止病原菌再次侵染，减轻发病。

（7）在蔬菜菌核病发病初期用药防治，可选用药剂有50%腐霉利1 000倍液，或50%乙烯菌核利1 000倍液叶面喷雾，也可以用以上药剂1：500倍液涂茎，每隔7～10天涂抹一次，连续涂抹3～4次，即可控制病害蔓延。

十六、病毒病

1. 病害特征

该病主要为害莴苣、生菜等多种蔬菜。在全生育期均可发生，前期发病对产量影响较大。苗期发病，多在长出4片真叶后显症。在叶上出现浅绿或黄白色花叶或斑驳，叶片皱缩歪扭。有时还出现明脉，严重时出现不规则灰色至褐色坏死病斑。成株发病，植株明显矮化，叶片不规则扭卷，严重时细脉变褐，叶面出现许多褐色坏死斑点，植株似缺水状，结球松散或不结球（图2-48至图2-51）。

图2-48 叶菜苗期为害状

图2-49 茼蒿叶片为害状

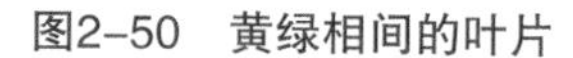

图2-50　黄绿相间的叶片

图2-51　白菜褐色坏死斑

2. 发病规律

此病毒源主要来自于邻近田间带毒的莴苣、菠菜等，种子也可直接带毒。种子带毒，苗期即可发病，田间主要通过蚜虫传播，汁液接触摩擦也可传染。桃蚜传毒率最高，萝卜蚜、瓜蚜、大戟长管蚜也可传毒。病害发生和发展与天气直接相关，高温干旱病害较重，一般平均气温18℃以上和长时间缺水，病害发展迅速，病情也较重。

3. 防治方法

（1）选用抗病耐热品种，一般散叶型品种较结球品种抗病。

（2）夏秋种植，采用遮阳网或无纺布覆盖栽培技术。露地种植采用与甜玉米或菜豆间作，改善田间小气候，预防发病。注意适期播种，出苗后勤浇小水，勿过分蹲苗。

（3）及时防治蚜虫，减少传播，控制病害发生。发病初期可喷洒20%病毒A可湿性粉剂500倍液，或1.5%植病灵乳剂1 000倍液，或喷施复合叶面肥，抑制发病，增强寄主抗病力。

十七、黑腐病

1. 病害特征

黑腐病是一种细菌引起的维管束病害，主要为害大白菜、小白菜、甘蓝、花椰菜等十字花科蔬菜叶片，各生育期均可发生。幼苗染病，子叶呈水渍状，逐渐枯死或蔓延至真叶，使真叶的叶脉上出现小黑点斑或细黑条。成株叶片染病，病菌由水孔侵入引起叶缘发病，并向内扩展，形成V形或不定型黄褐色枯斑，病斑周围组织淡黄色，病健界限不明显，有时病菌沿叶脉向下扩展，形成较大坏死区或不规则的黄褐色大斑。叶片染病，病菌沿维管束向上扩展，造成部分叶片干腐，导致叶片歪向一边（图2-52至图2-55）。

2. 发病规律

病菌在种子上或病残体内遗留在土壤中或在留种株上越冬。病菌在种子上可存活28个月，带菌种子是远距离传播的主要途径。如播种带病种子，幼苗出土时，附着在子叶上的病菌从子叶边缘的水孔或伤口侵入，引起发病。在生长期主要通过病株、肥料、风雨或农具传播。病菌多从叶缘水孔或害虫咬伤的伤口侵入，进入维管束组织，并随之上下扩展，该病流行时，引起全叶枯死或造成外部叶片局部或全部腐烂。高湿多雨有利于发病。连作地往往发病重。

3. 防治方法

（1）选择抗病品种；在无病地或无病株上采种；与非十字花科蔬菜进行2～3年轮作；加强栽培管理，适时播种，合理浇水，适期蹲苗，注意减少伤口，收获后及时清洁田园。

图2-52　叶缘V形病斑

图2-53　白菜黑腐病病叶

图2-54　白菜帮呈水渍状

图2-55　大白菜叶片歪向一边

（2）可选用3%中生菌素可湿性粉剂600～800倍液浸种加灌根。

（3）将种子放在50℃的温水中浸泡30分钟进行消毒，然后播种。也可用50%琥胶肥酸铜可湿性粉剂按种子重量的0.4%拌种，可预防苗期黑腐病的发生。发病初期，每亩可选用72%农用硫酸链霉素可溶性粉剂14～28克，或20%噻菌铜悬浮剂75～100

毫升，或20%噻森铜悬浮剂120～200毫升，或2%氨基寡糖素水剂187～250毫升，对水均匀喷雾，隔7～10天防治1次，连续防治2～3次。注意对铜剂敏感的品种慎用。

十八、根结线虫病

1. 病害特征

根结线虫主要为害蔬菜的根部，症状的突出表现是根部形成大小不一的瘤状物，有的类似豆科植物的根瘤菌。用针挑破瘤，可以看到瘤内有针尖大小的线虫。根结以上部分常产生细小的新根，以后再感染形成根结状肿大。由于蔬菜根部受到线虫为害，地上部分多数表现生长衰弱，叶色变黄，严重的全株枯萎而死。根部除有瘤状物外，没有其他特殊表现，只是发育不良，根小而少，尤其须根减少更为明显，有的还伴随根腐症状（图2-56至图2-59）。

图2-56　根结线虫病症状

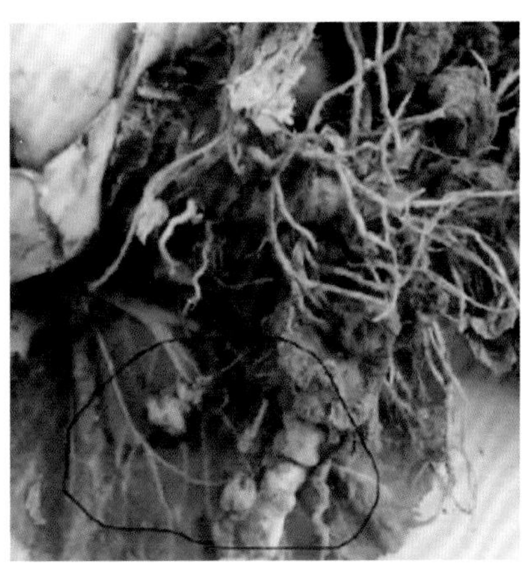

图2-57　大白菜根结线虫病

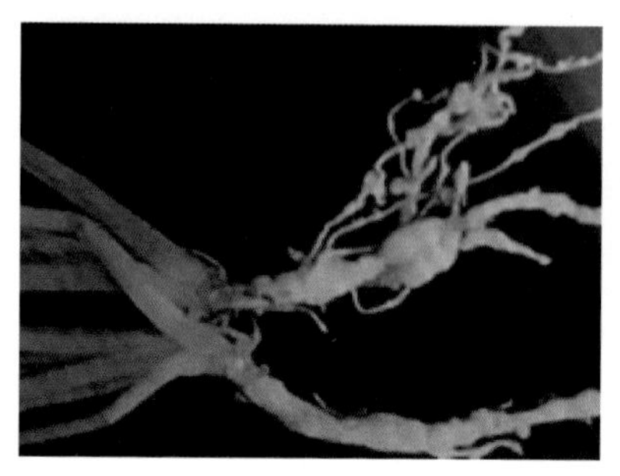

图2-58　菠菜根结线虫病

图2-59　芹菜根结线虫病

2. 发生规律

线虫整个生活史须经过卵、幼虫和成虫3个阶段。在田间，线虫以卵或其他虫态在土壤中越冬。在土壤里无寄主植物存在的条件下，仍可存活3年之久。当气温达到10℃以上时，卵就能孵化出幼虫，幼虫从根毛或根部皮层侵入为害。刺激寄主细胞加速分裂，使受害部位形成根瘤或根结。线虫在土壤中活动范围很小，靠自身活动不能远距离传播。远距离主要靠病土、病苗或带线虫的块根及块茎等传播。线虫生活需要较充足的空气，所以地势高燥，质地疏松，通气良好的沙质土壤对线虫发生有利。低洼潮湿、黏重板结的土壤不利于发生。线虫在土壤中的分布，以10～30厘米深的范围为主，土温低于12℃或高于28℃都不利于线虫的活动。若土壤浸水达100天以上或长期干燥的情况下线虫即死亡。根结线虫发育的适宜温度为25～30℃，27℃时繁殖一代需25～28天，幼虫在10℃时停止活动，55℃经10分钟即死亡。

3. 防治方法

提倡用威百亩进行棚地消毒，防治大棚中越来越严重的根结线虫及多种土传病虫害。威百亩是一种低毒高效的土壤熏蒸剂，施用后可有效地防治根结线虫病及猝倒病、立枯病、枯萎病、黄萎病、根腐病、菌核病、疫病、青枯病等真菌、细菌病害。威百亩是液体消毒剂，使用时选最热、光照最好的一段时间。先把大棚土壤翻松并施入有机肥后浇一遍透水，1～2天后每亩施入42%甲基二硫代氨基甲酸钠（威百亩）水剂25～40千克，对水500千克，施完后马上盖土。盖平后马上覆膜，边覆土边盖膜，要求不漏气密闭10天进行闷棚，使棚温迅速升高，保证消毒效果，经7～10天晾晒即可定植下茬蔬菜。用威百亩消毒成本低、效果高、安全、应用前景看好。

十九、细菌性角斑病

1. 病害特征

该病为害多种十字花科蔬菜。此病从苗期至成株均可发生。初在中、下部叶片的叶柄两侧出现油渍状坏死小斑，灰褐色，稍凹陷，逐步发展成膜状多角形至不规则形病斑，灰褐至暗褐色，油渍状，具有光泽。空气潮湿时叶背病斑表面溢出污白色菌脓，后期呈膜状腐烂。干燥时病斑呈灰白色，易破裂穿孔。多个病斑连片，常使叶片皱缩畸形，最后死亡干枯。严重时病害亦侵染叶柄，形成长椭圆形或条形病斑，显著凹陷，黑褐色，略具光泽（图2-60至图2-63）。

图2-60　灰褐色油渍状

图2-61　病斑呈灰白色

图2-62　病叶背面

图2-63　病斑破裂穿孔

2. 发病规律

病菌随病残体越冬，也可在种子上存活过冬。借风雨、浇水传播蔓延。病菌生长温度4～41℃，最适生长温度25～28℃，48～49℃10分钟即致死。高温多雨、空气潮湿利于发病。寄主生长期多阴雨或降雨次数多，雨后即开始发病。不同品种病害发生程度略有差异。

3. 防治方法

（1）选用或引进较抗病品种。

（2）与非十字花科、茄科、伞形花科蔬菜轮作。

（3）播种前进行种子处理，发病初期进行药剂防治，防治方法和药剂参照黑腐病的防治。

二十、细菌叶缘坏死病

1. 病害特征

该病为细菌性病害，其病原为革兰氏阴性菌，一般结球时开始发生，主要为害叶片。叶缘及其附近先发病，初始为水浸状，后变干呈薄纸状，呈现褐色至黑褐色不规则的油浸状病斑。叶缘病斑宽1厘米左右，叶片其他部分现褐色斑点，有的数个病斑连片，渐软化，有的全株迅速干枯或落叶。一般情况仅在结球叶发病，其扩展非常缓慢，影响发育，鲜见造成腐烂。部分发病株的茎中心有黑色或绿色的硬腐组织，可沿底部叶片叶脉扩展至根部，引起根腐（图2-64至图2-65）。

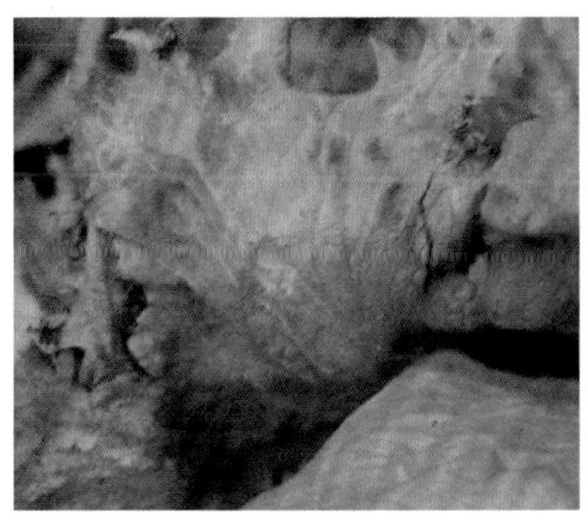

图2-64　结球莴苣叶缘坏死病症状　　图2-65　结球生菜叶缘坏死病症状

2. 发生规律

病原细菌在种子、土壤或病残体中越冬，通过伤口、气孔和皮孔侵入，发病后通过泥土和空气传播。低温、高湿、结露、多雾、寡照有助于发病。重茬、土壤黏重偏酸、种植密度过大、氮肥施用太多、田间管理粗放等条件下易发病。

3. 防治方法

（1）保持土壤湿润和含水量适宜，避免温度过高、过低，可防止该病发生和蔓延。

（2）保护根系功能正常，相对湿度不宜长时间过高，尽量保

持湿度正常，增加空气流通，有助于阻止叶片受到伤害。通风适当，使叶中水分散失。

（3）土壤盐分含量不宜过高。

（4）提倡施用堆肥或腐熟有机肥。

（5）播种后1个月于发病初期开始喷洒77%氢氧化铜可湿性粉剂500倍液或90%新植霉素可溶性粉剂4 000倍液，每亩用对好的药液50升，隔10天1次，防治2～3次。

第三章

叶类蔬菜生理性病害防治

一、低温障碍

1. 病害特征

刚萌芽的种子受冻，绝大部分会腐烂。叶片受冻，轻者叶色变白并呈薄纸状，严重的如开水烫过样，很快腐烂。生长点受冻，顶芽会停止生长，或变色，或呈水浸状溃疡而死。枝茎受冻，初期变为紫红色，严重的变黑枯死。根系受冻，轻的停止生长或变黄，重者变黑枯烂（图3-1、图3-2）。

图3-1　叶片受冻状

图3-2　叶片开始腐烂

2. 发病原因

生长中的蔬菜，遇到突发或持续长时间低于0℃以下的环境温度，植株体内水分就会结冰，从而伤及或致死功能组织。一段时间内，0℃以下环境温度持续时间越长或降温幅度越大，蔬菜受害越重。0℃以下环境温度来临前，若气温持续多天缓慢下降，蔬菜的抗冻性会有所提高，冻害的损失会减轻。生长中的蔬菜若遇气温突然降至0℃以下，就会发生严重冻害，许多蔬菜会整株冻死。

蔬菜受冻后，如气温回升缓慢，加上阴天无风或有小风，则受害较轻；反之则加重受害。蔬菜不同生长时期耐寒性也有差异：生殖生长阶段易发生冻害，幼苗受冻重于成株。晚秋、冬季和早春是蔬菜最易发生冻害的时期，通风口、边行、棚膜附近和地势较高的地方等处的蔬菜易受冻害。

3. 防治方法

（1）冻害发生后，能收获的蔬菜要抢时收获上市。

（2）对冻死的蔬菜，要及时拔除。

（3）受冻轻的蔬菜，及时摘除受冻的叶、枝、花、果等。

（4）受害轻的蔬菜，还可叶面喷施0.5%～1%葡萄糖或0.1%～0.2%磷酸二氢钾溶液，促进蔬菜恢复生长。

（5）蔬菜受冻后不可急着提温，而应先用温水全棚喷洒，因为喷水能增加棚内空气湿度，稳定棚温，抑制蔬菜受冻组织水分蒸发，利于植株恢复。注意植株受冷后喷温水的量要稍大一些，以每亩棚喷5～6喷雾器为宜。所喷温水的温度以20℃为宜，水温千万不能过高，若水温太高的话只有加速受冻组织死亡。

（6）对于因棚顶覆膜损坏造成设施蔬菜植株冷害或轻微冻害的，可以采取及时修补薄膜、增加覆膜、加盖草帘等办法保温增温。

（7）寒冷天气要加强增温，少通风，早上晚点通风，下午稍提早盖草苫，使温室内积蓄较多热量。

（8）设施蔬菜受冻后，每亩可用45%百菌清烟剂200～250克或10%腐霉利烟剂250～300克，于傍晚密闭棚室熏蒸6～12小时，对灰霉病等真菌病害有很好的防控效果。

（9）特别注意蔬菜冻后缓慢升温，日出后用草帘间隔覆盖遮光，使蔬菜生理机能缓慢恢复，千万不可操之过急。采取弱光恢复1～2天，以免迅速升温蔬菜水分吸收不上，造成急性枯萎。

（10）喷施植物抗冻剂，避免蔬菜发生冻害。

二、高温障碍

1. 病害特征

高温日晒天气不仅不利于多种蔬菜的生长发育，还容易诱发病毒病等各种病虫害，强烈的日晒还会灼伤叶片，最终导致蔬菜品质降低，产量大幅下降（图3-3、图3-4）。

图3-3　蔬菜中暑状

图3-4　叶片晒伤腐烂

2. 发病原因

当温度高于适宜蔬菜生长发育温度范围的最高温度，即超过蔬菜能够忍受的最高温度时，就会发生热害，即常说的高温障碍。

3. 防治方法

（1）选用耐热抗病品种。根据本地的地理环境条件选择适合本地栽培的耐热蔬菜品种。

（2）改进栽培管理方式。合理密植，使茎叶相互遮阴；与高秆作物间作，利用高秆作物为蔬菜遮阴。越夏西红柿整枝时，在最上层果穗上留2～3片叶，以遮光防晒；瓜类作物结瓜后，可用草在上边盖、下边垫，防止出现日灼和烂瓜。

（3）以井水降温。适时灌水可以改善田间小气候条件，使气温降低1～3℃，从而减轻高温对花器和光合器官的直接损害。中午“热阵雨”过后，及时用井水串灌降温，可以改善菜田土壤空气状况，增强根系活力，防止蔬菜死苗。

（4）根外追肥。用磷酸二氢钾溶液、过磷酸钙及草木灰浸出液连续多次进行喷施，既有利于降温增湿，又能够补充蔬菜生长发育必需的水分及营养，但喷洒时必须适当降低喷洒浓度，增加用水量。

（5）人工遮阴。在菜地上搭建简易遮阴棚，上面用树枝或作物秸秆覆盖，遮成稀疏的花棚，可使气温下降3～4℃。采用塑料大棚栽培的蔬菜，夏秋季节覆盖遮阳网遮阴，降温效果可达4～6℃，并能防止暴雨为害蔬菜。

三、蔬菜沤根

1. 病害特征

幼苗生长很是缓慢，根上主根、须根都不发新根，根外皮呈锈褐色缓慢腐烂，茎叶生长受抑，病株白天打蔫，持续较长时间后干枯而死，病苗根易拔出（图3-5、图3-6）。

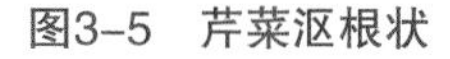
图3-5　芹菜沤根状

图3-6　白菜沤根状

2. 发病原因

主要原因是低温长期较低和土壤湿度大。早春苗期遇雨雪天气多、苗床温度长期上不来，湿度大；定植后阴雨天多，气温持续偏低，浇水量大，或地势低洼，土壤板结。苗期低温高湿、弱光是造成沤根的主要原因。

3. 防治方法

（1）防治苗期沤根。前期做好保温，防止冷风和低温侵袭，管理上草苫要晚揭早盖，出齐苗以后及时通风换气，以降低苗床湿度，促芹菜苗生长健壮，并进行炼苗，提高对低温适应能力。若苗床湿度大可撒草木灰降湿，遇有冰冻雨雪天气，覆盖要加厚，必要时加盖薄膜防雨，尽量改善见光排湿条件。

（2）出现沤根后设法降湿提温，尤其是地温。雨水多的地区提倡实行深沟高畦种植，不仅有利于大雨过后的排水，还可增强土壤透气性。

（3）下茬播种前把土壤暴晒，并深翻晒透的土壤。

（4）芹菜生长期出现沤根，浇小水。把浇水时间安排在上午9时，结合中耕松土，提高透气性。也可用好力扑水溶肥平衡型配成1 000倍液或甲壳素1 000倍液浇施。

四、白菜烧心病

1. 病害特征

白菜烧心病主要在包心期和贮藏期发生，发病时边缘干枯，向内卷、生长受到抑制，包心不紧实（图3-7）；结球初期球叶边缘呈水渍状，后变黄色半透明至黄褐色焦枯，向内卷曲，结球后期发病株外表未见异常，剖视其内部3～4层球叶可见其黄化，叶脉呈暗褐色，叶内干纸状、叶片组织水渍状，具有发黏的汁液，但不出现软腐，也不发臭，反而有一定的韧性。病健组织间具有明晰的界线（图3-8）。

图3-7　包心不紧实

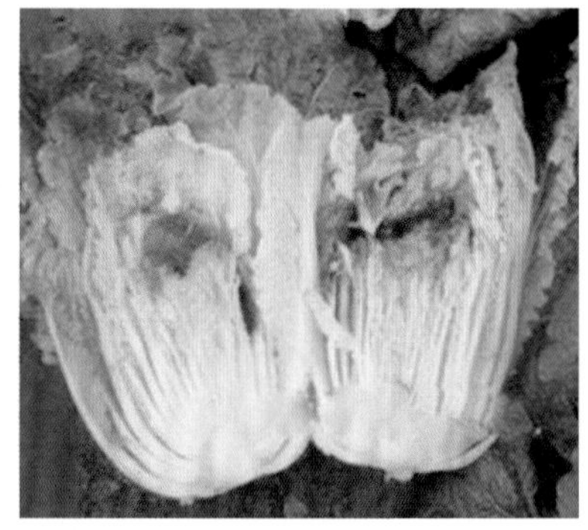

图3-8　白菜烧心病症状

2. 发病原因

发病原因主要是土壤缺少水溶性钙、有效性锰等养分引起的。一是因长期施用化肥造成土壤板结、盐渍化，破坏了土壤结构，降低渗透力，使植株根系吸收不到足够的钙素。二是天气过热，蒸腾作用过强，根系吸收水分及养分能力下降，引起缺钙，或天气干燥，土表盐分累积，根区盐分浓度增大，使钙的比例减少，或水分过多，钙又被淋溶出根区，而产生缺钙。三是典型的钙质土，有效锰的含量低。

3. 防治方法

（1）增施有机肥。增施优质有机肥作基肥，减少化肥用量，避免使用污水灌溉，从而改善土壤的团粒结构，增强土壤的通透性。

（2）科学灌溉。应采用小水勤浇的方式，避免大水漫灌，保持土壤不干不涝，每次浇水后及时中耕，防止土壤板结。天气干燥时可采用“跑马水”灌溉，雨后及时排出积水。

（3）合理施用化肥。调整氮肥与磷肥的比例，增施钙肥如过磷酸钙、硝酸钙和氯化钙，以增加土壤中可溶性钙的含量。

（4）根外追肥。从莲座期开始喷0.7%氯化钙或0.7%硫酸锰溶液，共喷3～5次。在包心期向心叶撒施含16%硝酸钙和0.5%硼的颗粒剂，或喷洒0.7%硫酸锰，每1 000米^{2}用75千克。

（5）降温处理。气温高时，包心期开始折外叶覆盖叶球，减少白天过量的蒸腾作用；夜间沟灌“跑马水”提供足够水分，保证根系正常吸收养分及体内养分的正常运转。

五、芹菜烂心病

1. 病害特征

芹菜烂心也是一种生理病害。开始是心叶的叶脉间变成褐色，以后因为周围细胞死亡而变成黑褐色，所以又称黑心病。多发生在芹菜8～12叶期。初发病时短缩茎中央的心叶叶缘出现褪绿斑，很快变成褐色，整个心叶凋萎、枯焦而死亡。向短缩茎扩展，病部变黑呈干腐状。发病轻的短缩茎四周仍可生出略向外展的叶片。湿度大时，腐生细菌侵入，致心叶变黑褐色湿腐状，短缩茎中央褐腐，全株萎蔫倒伏或枯死（图3-9、图3-10）。

图3-9　芹菜心叶变黑呈干腐状

图3-10　心叶变黑褐色湿腐状

2. 发病原因

芹菜体内的硼素、钙素缺乏是引发该病的基本原因。正常时，芹菜外叶叶柄含钙量是其干质量的1.3%～2%。在芹菜、西芹生长发育过程中，不仅需要足够的钙，而且要求钙素能在芹菜体内均匀分布，尤其是短缩茎中央叶片的生长点含钙量不能过低。此外，即使土壤中不缺钙，有些因素也可影响芹菜对钙的吸收利用，造成心叶细胞生理紊乱而诱发该病。

3. 防治方法

（1）从栽培管理入手，采取测土施肥，防止土壤中盐类浓度过高，均匀浇水，创造适宜芹菜、西芹生长的土壤及温湿度环境。

（2）缺钙时叶面喷洒0.5%氯化钙或硝酸钙2～3次。缺硼时叶面喷洒0.2%～0.3%硼砂或硼酸加0.3%生石灰2～3次。

六、芹菜茎开裂

1. 病害特征

茎和茎基部出现裂缝，呈直或波状爆裂，植株外叶易黄化，不仅影响品质，而且病菌也易趁机侵入，引起腐烂（图3-11、图3-12）。

图3-11　芹菜茎基部开裂

图3-12　芹菜叶柄开裂

2. 发病原因

一是芹菜生长发育过程中，遇有低温干旱等气象条件，使植株表皮角质化，这时遇高温、降雨或浇大水，芹菜细胞迅速膨大，表皮不能适应而开裂。二是缺硼易导致茎裂。

3. 防治方法

（1）增施有机肥，提倡采用测土配方施肥技术，防止施用氮肥过多。改良土壤，增强土壤抗旱能力。加强水肥管理，雨后及时排水，浇水须小水勤浇，保持土壤不干不湿，不要忽干忽湿和大水漫灌。

（2）连年种植芹菜的地块，需诊断土壤中氮、磷、钾和硼肥含量。如已缺硼，可在配方施肥时，每亩施入硼砂0.8千克，以补充硼肥，但不可过量。

（3）芹菜生长期叶面喷施0.2%～0.3%的硼砂溶液，隔5～7天后再喷1次。

（4）夏季栽培需防高温，有条件的提倡使用遮阳网，降低高温对芹菜、西芹的为害。

七、芹菜缺素症

1. 病害特征

（1）缺氮。自下部叶变白色至黄色，生长差。

（2）缺磷。自下部叶开始变黄，但嫩叶的叶色与缺氮症相比，显得浓些。

（3）缺钾。在下部叶片发黄的同时，叶脉间产生褐色斑块，这种症状逐渐向上部叶扩展，生长变差（图3-13）。

（4）缺钙。生长点生长发育受阻，中心幼叶枯死，且附近新叶的顶叶脉间产生白色至褐色斑点，斑点相互融合扩大呈叶缘枯死状，最后幼嫩组织变黑，又称心腐病。

（5）缺铁。无土栽培的芹菜易发生缺铁症。幼叶上先是脉间黄化，严重时叶色变白（图3-14）。

（6）缺硫。整株呈淡绿色，但嫩叶显示特别的淡绿色。

（7）缺镁。沿叶脉两侧出现黄化，并从下部叶片开始逐渐向上部叶扩展。

（8）缺硼。芹菜对硼的吸收受阻碍时，常产生茎裂，茎裂大部分生在外叶上，主要在叶内侧的一部分表皮开裂。心叶发育时出现缺硼，心叶的内侧组织变成褐色并发生龟裂，生长差。

（9）缺锰。叶缘部的叶脉间出现淡绿色至黄白色。

图3-13　芹菜缺钾状

图3-14　芹菜缺铁状

2. 发病原因

（1）缺氮。新开辟的菜田或土壤有机质少，供氮能力不足的地块种植生长速度快的芹菜，易发生缺氮病。

（2）缺磷。一是土壤供磷不足，经测定土壤pH值6.5～7时，土壤有效磷含量最高，低于或高于这一范围，土壤有效磷均不足。二是低温可减少芹菜对磷的吸收。

（3）缺钾。芹菜在生长发育的前期以吸收氮、磷为主，进入生长发育的中后期转变为吸收氮、钾为主，红黄土壤易发生缺钾。芹菜吸收的钾比氮高2倍，生产上连作的芹菜田也易发生缺钾。

（4）缺钙。芹菜缺钙是由于土壤酸化引起的，尤其是老龄保护地很易发生缺钙症。

（5）缺铁。以土壤为基质的保护地条件下不易出现缺铁，但有时因土壤锰过剩可诱发缺铁症的出现。

（6）缺硫。在棚室保护地栽培芹菜时长期连续施用无硫酸根的肥料时易发生缺硫症。

（7）缺镁。保护地的土壤出现铵态氮积累时，易引起对镁的吸收障碍，出现缺镁症，生产上钾肥过多时也易造成缺镁。

（8）缺硼。芹菜长心叶时需要大量的硼，如果硼素供给不足，就会造成缺硼。

（9）缺锰。碱性、石灰性、砂质酸性土壤上易发生缺锰症。土壤中铁、铜、锌等离子含量过高也会诱发缺锰。

3. 防治方法

每生产4 000千克芹菜需要吸收氮7.3千克、磷2.7千克、钾16千克、钙6千克、镁3.2千克，据此进行测土配方施肥。生产上实际施肥量，尤其是氮、磷肥的施用量要比实际需肥量高出2～3倍，即表明芹菜是吸肥能力低、耐肥力较高的作物，它要在较高土壤浓度状态下，才能够大量吸收肥料，施肥量不足，不仅影响芹菜正常生长发育，且品质也不好。适于芹菜叶片生长的氮素浓度是200毫克/千克，土壤有效磷含量以150毫克/千克为宜，钾浓度为120毫克/千克，尤其是生长后期需钾量很大。生产上施肥时育苗肥在营养土中加入2%～3%的过磷酸钙，出苗后30天酌情追1次低浓度氮肥，每畦追施硫酸铵0.2千克或腐熟的稀人粪尿。基肥每亩施入腐熟有机肥4 000～5 000千克、过磷酸钙30～35千克、硫酸钾15～20千克，对缺硼的地块施入硼砂1～2千克。追肥提苗期于缓苗时每亩随水追施硫酸铵10千克，或腐熟人粪尿550千克。当新叶大部分展出直至收获前旺长期需肥量大，每次每亩追施尿素8千克或硫酸铵18千克、硫酸钾13千克。半个月后芹菜进入旺长期进行第2次追肥，再过15天进行第3次追肥，肥料种类用量同第1次。土壤中氮、钾浓度过高会影响硼、钙的吸收，造成芹菜心叶幼嫩组织变褐或出现干边，生产上浇水不足、土壤干旱或地温低时更为严重，因此要控制氮肥、钾肥用量，增加硼肥和钙肥的施用，保持土壤湿润，防止土温过低。发现茎裂等缺硼症状时，叶面喷施0.5%的硼砂水溶液。生产上出现心腐病时叶面喷施0.3%～0.5%硝酸钙或氯化钙水溶液。此外还可喷施天达2 116壮苗灵600倍液，增产显著。

八、花椰菜缺钙症

1. 病害特征

花椰菜缺钙在冬季气温较低时易发生，常发生在花球形成初期，心叶皱缩，在叶片边缘及小叶出现干边，病斑呈灰褐色，影响植株生长，花球产量及品质（图3-15）。

图3-15　花椰菜缺钙状

2. 发生原因

新叶卷曲、皱缩，一般是由植株缺钙引起的生理病害。因钙在植株内较难移动，不易被重复利用，所以缺素症状首先表现在幼茎、幼叶和果实上。大量施用化肥造成土壤盐渍化严重，地温较低造成根系受损，植株营养吸收障碍，导致钙元素缺乏。

3. 防治方法

注意钙元素的补充，基肥多施有机肥，增施钙肥；症状发生后，及时补充钙肥，叶面喷施0.2%～0.3%氯化钙或钙宝溶液，同时注意补充硼肥，以促进钙吸收。不要过多施用化学肥料，注意根系养护，增强植株吸收能力。可选用糖醇钙配合甲壳素随水冲施，以补钙养根。

第四章 叶类蔬菜主要害虫防治

一、菜青虫

1. 为害特征

菜青虫是菜粉蝶的幼虫（图4-1）。主要为害十字花科蔬菜，尤以芥蓝、甘蓝、花椰菜等受害比较严重（图4-2）。幼虫咬食寄主叶片，2龄前仅啃食叶肉，留下一层透明表皮，3龄后蚕食叶片成孔洞或缺刻，严重时叶片全部被吃光，只残留粗叶脉和叶柄，造成绝产，易引起白菜软腐病的流行。菜青虫取食时，边取食边排出粪便污染。幼虫共5龄，3龄前多在叶背为害，3龄后转至叶面蚕食，4～5龄幼虫的取食量占整个幼虫期取食量的97%。

2. 生活习性

菜青虫在山东每年发生5～6代，越冬代成虫3月出现，以5月下旬至6月为害最重，7—8月因高温多雨，天敌增多，寄主缺乏，而导致虫口数量显著减少，到9月虫口数量回升，形成第二次为害高峰。成虫白天活动，以晴天中午活动最盛，寿命2～5周。产卵对十字花科蔬菜有很强趋性，尤以厚叶类的甘蓝和花椰菜着卵量大，夏季多产于叶片背面，冬季多产在叶片正面。卵散产，幼虫行动迟缓，不活泼，老熟后多爬至高燥不易浸水处化蛹，非越冬代则常在植株底部叶片背面或叶柄处化蛹，并吐丝将蛹体缠结于附着物上。

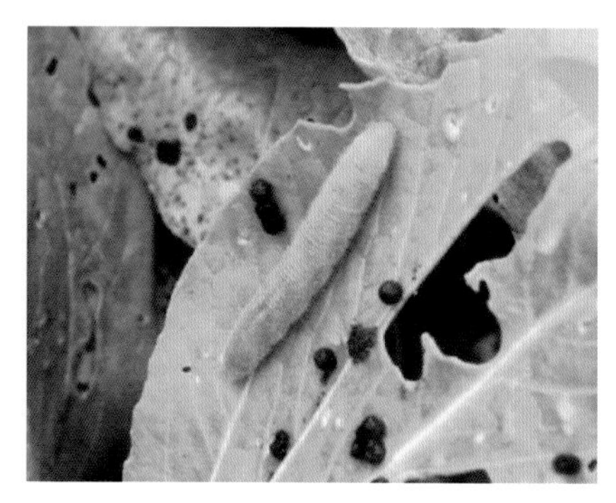
图4-1　菜青虫幼虫

图4-2　菜青虫为害状

3. 防治方法

（1）引诱成虫产卵，再集中杀灭幼虫；秋季收获后及时翻耕。十字花科蔬菜收获后，及时清除田间残株老叶，减少菜青虫繁殖场所和消灭部分蛹。

（2）注意天敌的自然控制作用，保护广赤眼蜂、微红绒茧蜂、凤蝶金小蜂等天敌。在绒茧蜂发生盛期用每克含活孢子数100亿个以上的青虫菌，或Bt可湿性粉剂800倍液喷雾。1万多角体/毫克菜青虫颗粒体病毒+16 000国际单位/毫克苏云金杆菌可湿性粉剂800～1 000倍液、16 000国际单位/毫克苏云金杆菌可湿性粉剂1 000～1 500倍液喷雾防治。

（3）化学防治。一般在产卵盛期后5～7天，即孵化盛期为用药防治的关键时期。又因其发生不整齐，要连续用药2～3次。

幼虫3龄以前施药具有较好的防治效果，可选喷下列药剂：10%醚菊酯悬浮剂1 000～1 500倍液、25%灭幼脲悬浮剂2 500～3 000倍液、5%氟啶脲乳油1 000～1 500倍液、2%苦参碱水剂2 500～3 000倍液、1.1%烟·楝·百部碱乳油700～1 000倍液，喷雾防治。

低龄幼虫发生初期，喷洒苏云金杆菌800～1 000倍液或菜粉蝶颗粒体病毒每亩20幼虫单位，对菜青虫有良好的防治效果，喷药时间最好在傍晚。

幼虫发生盛期，可选用20%灭幼脲悬浮剂800倍液、10%高效氯氰菊酯乳油1 500倍液、50%辛硫磷乳油1 000倍液、20%杀灭菊酯2 000～3 000倍液、21%增效氰·马乳油4 000倍液或90%敌百虫晶体1 000倍液等喷雾2～3次。

二、菜蚜类

1. 为害特征

菜蚜又名菜缢管蚜、萝卜蚜，常与桃蚜、甘蓝蚜混合发生为害，因此，人们往往统称这3种蚜为菜蚜（图4-3、图4-4）。为害白菜、菜心、樱桃萝卜、芥蓝、青花菜、紫菜薹、抱子甘蓝、羽衣甘蓝、薹菜等十字花科蔬菜。蚜虫群集在叶片背面和嫩茎上，以刺吸式口器吸食植物汁液，使叶片变黄、卷曲，严重影响叶片光合作用，致使叶片提早干枯死亡。植株不能正常抽薹、开花、结实。蚜虫为害时，排出大量水分和蜜露，滴落在下部叶片上，引起煤污病发生，使叶片生理机能受到阻碍，减少干物质的积累。由于迁飞扩散寻找寄主植物时要反复转移采食，所以可传播许多种植物病毒，造成更大的为害。

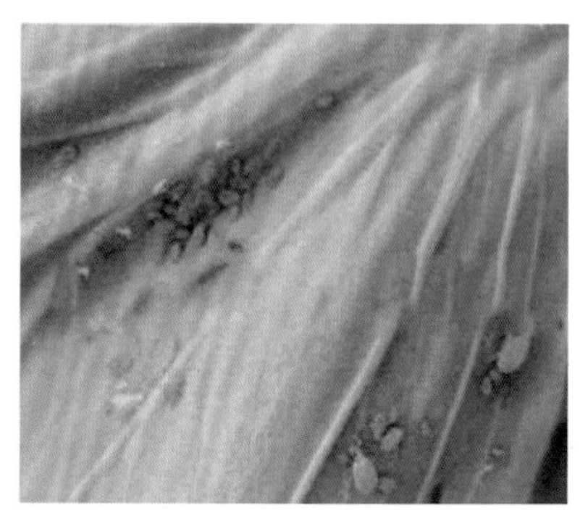

图4–3　大白菜叶背面的蚜虫

图4–4　芹菜叶背面的蚜虫

2. 生活习性

蚜虫可进行孤雌生殖，各地一年发生代数不同，1年发生25 ~ 30代，以9—11月为害蔬菜最严重。冬天常见成虫和若虫继续取食和繁殖，每头雌蚜一生可胎生幼蚜50 ~ 85头。若虫、成虫集中在十字花科蔬菜幼苗上及菜株嫩叶、嫩茎和近地面的叶片背面刺吸汁液，使叶片略向背面皱缩变黄，受害严重时则整株叶片枯萎，甚至塌地。尤以叶上多毛、少蜡质的蔬菜如萝卜、白菜等受害较重。当被害蔬菜衰老、生长不良时，产生有翅胎生蚜，借风力迁移传播，转株为害。在夏、秋季节，常与桃蚜在蔬菜上混合发生，它们都是白菜花叶病的传播媒介。蚜虫生长最适宜温度为15 ~ 26℃，适宜相对湿度在70%以上。

3. 防治方法

（1）农业防治。根据保护地蔬菜品种布局，优先选用适合当地市场需求的丰产、优质、抗虫和耐虫品种。合理安排茬口，避免连作，实行轮作和间作。清除田间杂物和杂草，及时摘除蔬菜作物老叶和被害叶片。对已收获的瓜果蔬菜或因虫毁苗的作物残体要尽早清理，集中堆积后喷药灭杀，或者集中烧毁，减少虫源。育苗时要把苗床和生产温室分开，育苗前先彻底消毒，幼苗上有虫时在定植前要清理干净。

（2）物理防治。

黄板诱杀：利用蚜虫趋黄性，在大棚内挂黄板诱杀，可以用废纸盒或纸箱剪成30厘米×40厘米大小，漆成黄色，晾干后涂上机油与少量黄油调成的油膏挂在大棚内，下边距作物顶部10厘米，每100米大棚挂8块左右，每隔7～10天涂1次机油。

银灰膜避蚜：蚜虫对不同颜色的趋性差异很大，银灰色对传毒蚜虫有较好的忌避作用。可在棚内悬挂银灰色塑料条，也可用银灰色地膜覆盖蔬菜防治蚜虫，可在蔬菜播种后搭架覆盖银灰色塑料薄膜，覆盖18天左右揭膜，避蚜效果可达80%以上，可减少用药1～2次，同时早春或晚秋覆膜还起到增温保温作用。

安装防虫网：保护地的放风口、通风口可用40～50目的防虫网阻隔蚜虫迁入。

（3）生物防治。充分利用和保护天敌消灭蚜虫。蚜虫的天敌种类很多，主要有捕食性和寄生性两类。捕食性天敌主要有瓢虫、食蚜蝇、草蛉、小花蝽等；寄生性天敌有蚜茧蜂、蚜小蜂等，还有微生物类的蚜霉菌等。因此，在生产中对它们应注意保护并加以利用，使蚜虫的种群控制在不足以造成为害的数量之内。

（4）化学防治。

洗衣粉灭蚜：洗衣粉的主要成分是十二烷基苯磺酸钠，对蚜虫有较强的触杀作用，用400～500倍液喷2次，防治效果在95%以上。若将洗衣粉、尿素、水按0.2∶0.1∶100的比例搅拌混合，喷洒受害植株，可收到灭虫、施肥一举两得的效果。

烟草石灰水溶液灭蚜：用烟叶0.5千克，生石灰0.5千克，肥皂少许，加水30千克，浸泡48小时过滤，取液喷洒，效果显著。

低毒低残留化学农药的使用：①熏蒸灭蚜。选在傍晚棚温25℃以上时，闭棚熏蒸。保护地可用22%敌敌畏烟剂，每公顷7 500克密闭熏烟，农药残留少。也可选用80%敌敌畏乳油配2.5%敌杀死，每公顷分别用3 750毫升和300毫升。②喷雾防治。为提高防效，隔7天左右喷1次，连续防治2～3次，不同药剂轮换使用。发生盛期每5～7天防治1次，连续数次，完全控制虫口密度为止。施药时间以早晨6～7时为宜。因为此时温度较低，蚜虫活动不太频繁。施药时应注意着重喷洒叶片背面、嫩茎等部位，从上至下逐步喷洒，可使用高效低毒的药剂如20%氰戊菊酯、2.5%溴氰菊酯、2.5%三氟氯氰菊酯、40%氰戊菊酯·马拉硫磷乳油及新型抗蚜灵、氰戊菊酯·辛硫磷、抗蚜威、吡虫啉等。

三、烟粉虱

1. 为害特征

烟粉虱属同翅目粉虱科，俗称小白蛾（图4-5），为害多种蔬菜如番茄、黄瓜、西葫芦、茄子、豆类、十字花科蔬菜以及果树、花卉、棉花等作物，还能寄生于多种杂草上。以成虫、若虫刺吸植株汁液为害，造成植株长势衰弱，产量和品质下降，甚至整株死亡，并可传播30种植物上的70多种病毒病，还分泌蜜露，造成严重的煤污病，使蔬菜失去商品价值（图4-6）。

2. 生活习性

烟粉虱对不同的植物表现出不同的为害状，叶菜类如甘蓝、花椰菜，受害叶片萎缩、黄化、枯萎；根菜类如萝卜受害表现为颜色白化、无味、重量减轻；果菜类如番茄受害，果实成熟不均匀。烟粉虱有多种生物型。据在棉花、大豆等作物上的调查，烟粉虱在寄主植株上的分布有逐渐由中、下部向上部转移的趋势，成虫主要集中在下部，从下到上，卵及1～2龄若虫的数量逐渐增多，3～4龄若虫及蛹壳的数量逐渐减少。

图4-5　烟粉虱

图4-6　烟粉虱造成的煤污病

3. 防治方法

（1）农业防治。烟粉虱喜欢取食、生存在叶片背面茸毛较为丰富的作物上，如大豆、棉花、瓜类等，而不喜食叶片光滑、无毛的植物，如芹菜、生菜、韭菜等。因此，可在虫源田附近栽培烟粉虱不喜食的蔬菜品种，从越冬环节、扩散环节等切断烟粉虱的自然生活史。大棚内避免黄瓜、番茄、西葫芦混栽，提倡与芹菜、葱、蒜接茬，做到在栽培农艺上控虫。

种植前和收获后要清除田间杂草及残枝落叶（并做好棚室的熏杀残虫工作）；及时整枝打杈，摘除有虫的老叶、黄叶，加以销毁。

苗床与生产地（大棚、温室）要分开；对培育的或引进的秧苗要严格检查，防止有虫苗进入生产地。

（2）物理防治。利用烟粉虱对黄色有强烈趋性的特点，在棚室内设置黄板诱杀成虫（每亩放置30厘米×20厘米黄色板8～10块）。于烟粉虱发生初期（尤其在大棚揭膜前），将黄板涂上机油黏剂（一般7天重涂1次），均匀悬挂在作物上方，黄板底部与植株顶端相平或略高些。利用烟粉虱对银灰色有驱避性的特点，可用银灰色驱虫网作门帘，防止秋季烟粉虱进入大棚和春季迁出大棚。

（3）生物防治。丽蚜小蜂是烟粉虱的有效天敌，许多国家通过释放该蜂，并配合使用高效、低毒、对天敌较安全的杀虫剂，有效地控制烟粉虱的大发生。在我国推荐使用方法如下：在保护地番茄或黄瓜上，作物定植后，即挂诱虫黄板监测，发现烟粉虱成虫后，每天调查植株叶片，当平均每株有粉虱成虫0.5头左右时，即可第一次放蜂，每隔7～10天放蜂1次，连续放3～5次，放蜂量以蜂虫比为3：1为宜。放蜂的保护地要求白天温度能达到20～35℃，夜间温度不低于15℃，具有充足的光照。可以在蜂处于蛹期时（也称黑蛹）释放，也可以在蜂羽化后直接释放成虫。如放黑蛹，只要将蜂卡剪成小块置于植株上即可。

（4）化学防治。作物定植后，应定期检查，当虫口较高时（黄瓜上部叶片每叶50～60头成虫，番茄上部叶片每叶5～10头成虫作为防治指标），要及时进行药剂防治。每公顷可用99%敌死虫乳油（矿物油）1～2千克，植物源杀虫剂6%烟百素、40%阿维菌素·敌敌畏乳油、10%噻嗪酮乳油、25%灭螨猛乳油、50%辛硫磷乳油750毫升、25%噻嗪酮可湿性粉剂500克、10%吡虫啉可湿性粉剂375克、20%甲氰菊酯乳油375毫升、1.8%阿维菌素乳油、2.5%联苯菊酯乳油、2.5%三氟氯氰菊酯乳油250毫升、25%噻虫嗪水分散粒剂180克，加水750升喷雾。此外，在密闭的大棚内可用敌敌畏等熏蒸剂按推荐剂量杀虫。

四、斑潜蝇类

1. 为害特征

为害叶菜类蔬菜的斑潜蝇主要有美洲斑潜蝇和南美斑潜蝇，寄主植物达110余种，其中，以葫芦科、茄科和豆科植物受害最重。成虫吸取植株叶片汁液；卵产于植物叶片叶肉中；初孵幼虫潜食叶肉，主要取食栅栏组织，并形成隧道，隧道端部略膨大；老龄幼虫咬破隧道的上表皮爬出道外化蛹。主要随寄主植物的叶片、茎蔓甚至鲜切花的调运而传播（图4-7至图4-10）。

图4-7　斑潜蝇成虫

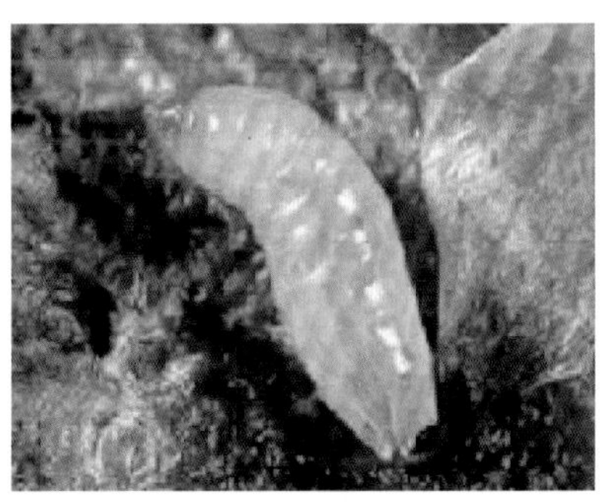

图4-8　斑潜蝇幼虫

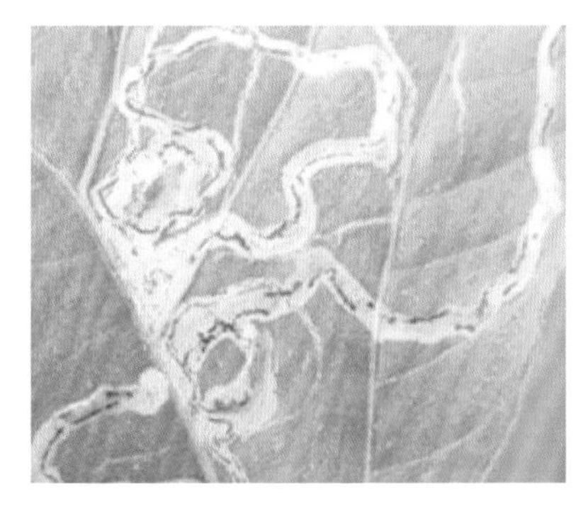

图4-9　斑潜蝇为害状

图4-10　荠菜为害状

2. 生活习性

南方1年可发生14～17代。世代周期随温度变化而变化。15℃时，约54天；20℃时约16天；30℃时约12天。成虫具有趋光、趋绿和趋化性，对黄色趋性更强。有一定的飞翔能力。斑潜蝇都以幼虫和成虫为害叶片，美洲斑潜蝇以幼虫取食叶片正面叶肉，形成先细后宽的蛇形弯曲或蛇形盘绕虫道，其内有交替排列整齐的黑色虫粪，老虫道后期呈棕色的干斑块区，一般1虫1道，1头老熟幼虫1天可潜食3厘米左右。南美斑潜蝇的幼虫主要取食背面叶肉，多从主脉基部开始为害，形成弯曲较宽（1.5～2毫米）的虫道，虫道沿叶脉伸展，但不受叶脉限制，若干虫道连成一片形成取食斑，后期变枯黄。两种斑潜蝇成虫为害基本相似，在叶片正面取食和产卵，刺伤叶片细胞，形成针尖大小的近圆形刺伤"孔"，造成为害。"孔"初期呈浅绿色，后变白，肉眼可见。幼虫和成虫的为害可导致幼苗全株死亡，造成缺苗断垄；成株受害，可加速叶片脱落，引起果实日灼，造成减产。幼虫和成虫通过取食还可传播病害，特别是传播某些病毒病，降低花卉观赏价值和叶菜类蔬菜食用价值。

3. 防治方法

（1）植物检疫。美洲斑潜蝇在国内分布虽广，但仍存在保护区。美洲斑潜蝇的卵、幼虫能随寄主叶片进行远距离传播，因此要加强虫情监测和进行严格的检疫，特别应重视在蔬菜集中产区、南菜北运基地、瓜菜调运集散地、花卉产地等实施严格检疫，防止该虫蔓延为害。

（2）农业防治。

摘除虫叶：当虫量极少时，捏杀叶内活动的幼虫，或结合栽培管理，人工摘除呈白纸状的被害叶。化蛹高峰（50%）后1～2

天内收集清除叶面及地面上的蛹，集中销毁。

培育无虫苗：在育苗或定植前，每公顷用硫黄粉22.5千克、80%敌敌畏乳油7.5千克、锯末90千克，将其混合后，分多处点燃，熏杀棚室内虫源。通风口用20～25目尼龙纱网罩住，并应深翻土壤，埋掉土面上的蛹粒，使之不能羽化。幼苗定植前的苗床要集中施药防虫。

清洁田园：蔬菜收获后，及时彻底清除棚室内有虫的残枝落叶及田园和周边杂草，并作为高温堆肥的材料或销毁、深埋。

合理布局：一方面要避免嗜好寄主植物大面积连片种植，扩大非嗜好作物的种植面积；另一方面在非嗜好作物的田边或田间套种几行嗜好作物作为诱虫带，集中防虫。此外还应注意嗜食性寄主与非寄主或劣食性寄主的轮作。如苦瓜、葱、大蒜、萝卜、韭菜、甘蓝、菠菜等。

（3）物理防治。

低温冷冻：在冬季11月以后到育苗之前，将棚室敞开，或昼夜大通风，使棚室在低温环境中自然冷冻7～10天，可消灭越冬虫源。

高温闷棚：夏季高温期，在上茬作物收获完后，先不清除残株，将棚室全部密闭，昼夜闷棚7～10天，棚室内温度在晴天白天可达60℃以上，可杀死大量虫源，之后再清除棚内残株。

黄板诱杀：利用斑潜蝇的趋黄性，制作20厘米×30厘米的黄板，涂抹机油或黏虫液，在棚室内每隔2～3米挂一块，保持黄板的悬挂高度始终在作物顶上20～30厘米处，并定期涂机油保持黄板黏性。也可用灭蝇纸条诱杀成虫。

（4）生物防治。斑潜蝇天敌达17种，其中以幼虫期寄生蜂效果最佳。此外椿象可取食斑潜蝇的幼虫和卵。因此应适当控制施药次数，选择对天敌无伤害或杀伤性小的药剂，保护寄生蜂的种群数量，这是控制斑潜蝇最经济有效的措施。

（5）药剂防治。

烟剂熏杀成虫：在棚室虫量发生数量大时，用10%敌敌畏烟剂，或氰戊菊酯烟剂熏杀，7天左右1次，连续用2～3次。

叶面喷雾杀幼虫：要掌握好羽化高峰期进行喷药，时间宜在上午8～11时，在1～2龄幼虫盛发期（即虫道长度在2.2厘米以下时），顺着植株从上往下喷，以防成虫逃跑。尤其要注意叶片正面的着药和药液的均匀分布（若是南美斑潜蝇则需对叶片正反两面进行喷雾，而蚜虫、白粉虱则应从下往上喷叶片背面）。每隔7天左右喷药1次，连续喷药2～3次。

五、小菜蛾

1. 为害特征

小菜蛾（图4-11、图4-12）属鳞翅目菜蛾科，主要为害甘蓝、紫甘蓝、青花菜、薹菜、芥菜、花椰菜、白菜、油菜、萝卜等十字花科植物。以幼虫啃食蔬菜叶片，初龄幼虫仅取食叶肉，留下表皮，在菜叶上形成一个个透明的斑，俗称“开天窗”；3～4龄幼虫可将菜叶食成孔洞和缺刻，严重时全叶被吃成网状，重则仅剩叶脉，影响植株生长发育和包心，造成减产。虫粪污染花菜球茎，降低商品价值。在苗期常集中心叶为害，影响包心。在留种株上，为害嫩茎、幼荚和籽粒。为害白菜时，可导致软腐病的发生（图4-13、图4-14）。

2. 生活习性

幼虫很活泼，遇惊扰即扭动、倒退或翻滚落下。幼虫、蛹、成虫各种虫态均可越冬、越夏，无滞育现象。全年发生为害明显呈两次高峰，第一次在5月中旬至6月下旬；第二次在8月下旬至10月下旬（正值十字花科蔬菜大面积栽培季节）。一般年份秋害重于春害。小菜蛾的发育适温为20～30℃，在两个盛发期内完成1代约需20天。

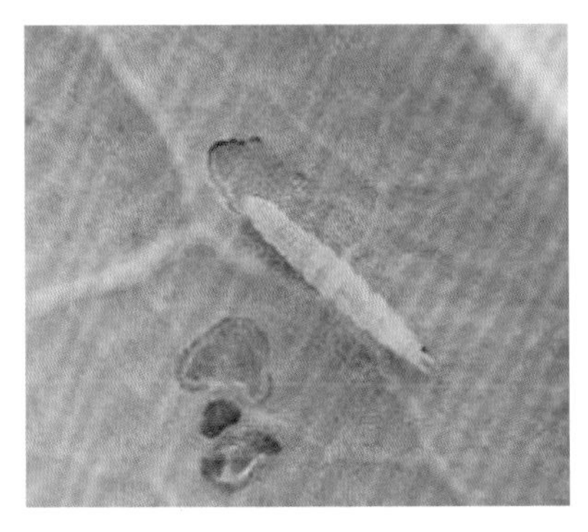

图4-11　小菜蛾幼虫

图4-12　小菜蛾成虫

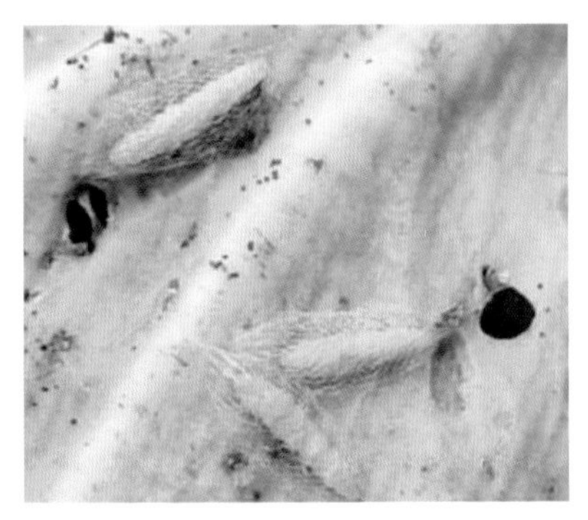

图4-13　荠菜为害状

图4-14　白菜为害状

全国各地普遍发生，1年发生4～19代不等。在北方4～5代，长江流域9～14代，华南17代，台湾18～19代。在北方以蛹在残株落叶、杂草丛中越冬；在南方终年可见各虫态，无越冬现象。全年内为害盛期因地区不同而不同，东北、华北地区以5—6月和8—

9月为害严重，且春季重于秋季。在新疆维吾尔自治区则7—8月为害最重。在南方3—6月和8—11月是发生盛期，而且秋季重于春季。成虫昼伏夜出，白天多隐藏在植株丛内，日落后开始活动。有趋光性，以19～23时是扑灯的高峰期。成虫羽化后很快即能交配，交配的雌蛾当晚即产卵。雌虫寿命较长，产卵历期也长，尤其越冬代成虫产卵期可长于下一代幼虫期。因此，世代重叠严重。每头雌虫平均产卵200余粒，多的可达约600粒。卵散产，偶尔3～5粒产在一起。此虫喜干旱条件，潮湿多雨对其发育不利。此外若十字花科蔬菜栽培面积大、连续种植，或管理粗放都有利于此虫发生。在适宜条件下，卵期3～11天，幼虫期12～27天，蛹期8～14天。

3. 防治方法

（1）农业防治。合理布局，尽量避免与十字花科蔬菜连作，夏季停种过渡寄主，“拆桥断代”减轻为害。收获后及时清洁田园可减少虫源。

（2）物理防治。采用性诱剂诱杀，每个诱芯含人工合成性诱剂50微克，用铁丝穿吊在诱蛾水盆上方，盆中加入适量洗衣粉，每盆距离100米。也可用高压汞灯诱杀网诱杀成虫。

（3）生物防治。可选用16 000国际单位/毫克苏云金杆菌可湿性粉剂800～1 000倍液喷雾防治。

（4）药剂防治。药剂防治必须掌握在幼虫2～3龄前。该虫极易产生抗性，应该用不同类型的药剂交替使用。可供选择的药剂有：10%三氟甲吡醚乳油1 500～2 000倍液、2.5%阿维·氟铃脲乳油2 000～3 000倍液、5%氟啶脲乳油1 500～2 000倍液、5%多杀霉素悬浮剂3 000～4 000倍液、0.3%印楝素乳油800～1 000倍液、25%丁醚脲乳油800～1 000倍液、5%氯虫苯甲酰胺悬浮剂2 000～3 000倍液、2%甲维·印楝素2 500～3 000倍液、15%茚虫威乳油3 000～3 500倍液、24%氰氟虫腙悬浮剂1 500～2 000倍液、2%苦参碱水剂2 500～3 000倍液喷雾。

六、赤条蝽

1. 为害特征

赤条蝽（图4-15）主要为害西芹、胡萝卜、白菜、萝卜、白萝卜、球茎茴香、茴香、洋葱、葱等蔬菜作物。此外还为害防风、柴胡、白芷、北沙参等药食两用植物。成虫和若虫在花蕾和叶片上吸食汁液，严重时造成果实干缩、畸形，种子减产。

图4-15　赤条蝽

2. 生活习性

在内蒙古、河北、山西、江苏、江西等地年发生1代，以成虫在枯枝落叶、杂草丛中或土块下越冬。在江西每年4月中下旬开始活动（华北约晚半个月），5月上旬至7月下旬产卵，若虫于5月中旬至8月上旬孵出，6月下旬开始羽化为成虫，8月下旬至10月中旬陆续进入越冬。卵期9～13天，若虫期40天左右。卵多产于寄主叶片和嫩荚上，排成2行，每块约10枚。若虫从2龄开始分散为害。

3. 防治方法

（1）农业防治。秋冬季对赤条蝽发生多的地块进行耕翻，可消灭部分越冬虫态。零星种植胡萝卜、茴香、西芹等地块，可人工捕捉成虫、摘卵。

（2）在搞好测报的前提下，掌握住当地卵孵化盛期，喷洒20%啶虫脒乳油1 500倍液或5%氯虫苯甲酰胺悬浮剂1 000～1 500倍液、40%乙酰甲胺磷乳油550倍液。

七、斜纹夜蛾

1. 为害特征

斜纹夜蛾（图4-16、图4-17）属鳞翅目夜蛾科，为害十字花科蔬菜、瓜类、茄子、豆类、葱、韭菜、菠菜以及粮食、经济作物等近100科、300多种植物。以幼虫咬食叶片、花蕾、花及果实，初龄幼虫啮食叶片下表皮及叶肉，仅留上表皮呈透明斑；4龄以后进入暴食期，咬食叶片，仅留主脉。在包心椰菜上，幼虫还可钻入叶球内为害，把内部吃空，并排泄粪便，造成污染，使蔬菜降低乃至失去商品价值。

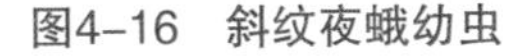

图4-16　斜纹夜蛾幼虫

图4-17　斜纹夜蛾成虫

2. 生活习性

斜纹夜蛾成虫为体形中等略偏小（体长14～20毫米、翅展35～40毫米）的暗褐色蛾子，前翅斑纹复杂，其斑纹最大特点是在两条波浪状纹中间有3条斜伸的明显白带，故名斜纹夜蛾。幼虫一般6龄，老熟幼虫体长近50毫米，头黑褐色，体色则多变，一般为暗褐色，也有呈土黄、褐绿至黑褐色的，背线呈橙黄色，在亚背线内侧各节有一近半月形或似三角形的黑斑。该虫1年发生4代（华北）至9代（广东），一般以老熟幼虫或蛹在田基边杂草中越冬，广州地区无真正越冬现象。成虫夜出活动，飞翔力较强，具趋光性和趋化性。卵多产于叶背的叶脉分叉处，以茂密、浓绿的作物产卵较多，堆产，卵块常覆有鳞毛而易被发现。初孵幼虫具有群集为害习性，3龄以后则开始分散，老龄幼虫有昼伏性和假死性，白天多潜伏在土缝处，傍晚爬出取食，遇惊就会落地蜷缩作假死状。当食料不足或不当时，幼虫可成群迁移至附近田块为害，故又有“行军虫”的俗称。斜纹夜蛾发育适温为29～30℃，一般高温年份和季节有利其发育、繁殖，低温则易引致虫蛹大量死亡。该虫食性虽杂，但食料情况，包括不同的寄主，甚至同一寄主不同发育阶段或器官，以及食料的丰缺，对其生育繁殖都有明显的影响。间种、复种指数高或过度密植的田块有利其发生。

3. 防治方法

（1）农业防治。清除杂草，收获后翻耕晒土或灌水，以破坏或恶化其化蛹场所，有助于减少虫源。安排合理的耕作制度。搭配种植诱集作物。利用斜纹夜蛾嗜好在芋叶产卵的习性，让其聚集为害。然后集中杀灭，可明显降低虫口基数。结合田间管理随手摘除卵块和群集为害的初孵幼虫的叶片，带出田外销毁，也可人工捕杀大龄幼虫。

（2）物理防治。

性诱剂诱杀成虫：使用斜纹夜蛾性诱剂诱杀成虫，效果较好。6—9月为斜纹夜蛾盛发期，7—8月为害最重，因此适宜在6—10月进行性诱剂诱杀。性诱器的制作方法为用细铁丝串上1颗斜纹夜蛾性诱芯，挂于直径20厘米的小塑料桶口中间，桶内装半桶肥皂水，把桶悬挂在离地面1.2米左右的竹竿上。诱芯上方必须遮顶，以防日晒雨淋。每亩放置4颗，30天换1次诱芯。

装灯诱蛾：利用成虫趋光性，于盛发期点黑光灯诱杀。安装30瓦佳多频振式杀虫灯，每2～3公顷使用1盏，安装在离地面1.5米高度处。要求12天收集1次诱杀的成虫，并清刷灯管上附着的死虫，以保持功效。

糖醋液诱杀：利用成虫趋化性配糖醋液（糖：醋：酒：水=3：4：1：2），加少量敌百虫诱蛾。柳枝蘸洒500倍敌百虫也可诱杀斜纹夜蛾成虫。

（3）化学防治。2%甲氨基阿维菌素苯甲酸盐6 000倍液或15%茚虫威乳油2 500倍液、48%毒死蜱乳油1 000倍液、200亿多角体斜纹夜蛾核型多角体病毒可分散性粒剂15 000倍液、50%氰戊菊酯乳油4 000～6 000倍液、2.5%联苯菊酯乳油4 000～5 000倍液、20%甲氰菊酯乳油3 000倍液等，对斜纹夜蛾均有良好的防治效果，可以在生产中推广应用。斜纹夜蛾低龄幼虫喜欢群集于作物叶背取食，3龄后迁移分散为害，因此，药剂防治宜在2～3龄前进行。施药2～3次，隔7～10天1次，喷匀喷足。

八、甜菜夜蛾

1. 为害特征

甜菜夜蛾（图4-18）又叫贪夜蛾，属鳞翅目夜蛾科，除了为害甘蓝、花椰菜、白菜（图4-19）、萝卜等十字花科蔬菜外，还为害莴苣、番茄、青椒、茄子、马铃薯、黄瓜、西葫芦、豆类、茴香、韭菜、大葱、菠菜、芹菜、胡萝卜等多种蔬菜。初孵幼虫群集叶背，吐丝结网，在叶内取食叶肉，留下表皮，呈透明的小孔；3龄后可将叶片吃成孔洞或缺刻；大龄幼虫还可钻蛀青椒、番茄果实。

图4-18　甜菜夜蛾

图4-19　甜菜夜蛾为害白菜状

2. 生活习性

初龄幼虫在叶背群集吐丝结网，食量小，3龄后，分散为害，食量大增，昼伏夜出，为害叶片成孔洞缺刻，严重时，可吃光叶肉，仅留叶脉，甚至剥食茎秆皮层。幼虫可成群迁飞，稍受震扰吐丝落地，有假死性。3～4龄后，白天潜于植株下部或土缝，傍晚移出取食为害。1年发生6～8代，7—8月发生多，高温、干旱年份更多，常和斜纹夜蛾混发，对叶菜类威胁甚大。该虫在福建发生期为5—11月，6—9月为为害高峰期。

3. 防治方法

（1）农业防治。晚秋初冬耕地灭蛹；结合田间管理，及时摘除卵块和虫叶，集中消灭。

（2）物理防治。黑光灯诱杀成虫。

（3）生物防治。可选用10亿多角体/毫升苜蓿银纹夜蛾核型多角体病毒悬浮剂800～1 000倍液、300亿多角体/克甜菜夜蛾核型多角体病毒水分散粒剂1 000～1 500倍液喷雾防治。

（4）药剂防治。抓住1～2龄幼虫盛期进行防治，该虫已具有很强的抗药性，一些常规药剂已失去防治效果，可选用药剂：10.5%甲维·虫酰肼乳油1 500～2 000倍液、2%甲氨基阿维菌素苯甲酸盐泡腾片剂3 500～4 000倍液、25%甲维·丁醚脲微乳剂3 000～3 500倍液、24%甲氧虫酰肼悬浮剂2 500～5 000倍液、5%氯虫苯甲酰胺悬浮剂2 000～3 000倍液、24%氰氟虫腙悬浮剂1 500～2 000倍液、10%虫螨腈悬浮剂1 500～2 000倍液喷雾防治。

九、小猿叶甲

1. 为害特征

小猿叶甲属鞘翅目，叶甲科。为害白菜、萝卜、芥菜、花椰菜、莴苣、胡萝卜、洋葱、葱等。成、幼虫喜食菜叶，咬食叶片成缺坑或孔洞，严重的成网状，只剩叶脉。成虫常群聚为害。苗期发生较重时，可造成严重的缺苗断垄甚至毁种（图4-20）。

图4-20　小猿叶甲及其为害状

2. 生活习性

在南方与大猿叶虫混合发生，同样严重。在长江流域年发生3代，以成虫在枯叶下或根隙越冬，在广东年发生5代，无明显越冬现象。长江中下游地区，2月底3月初成虫开始活动，3月中旬产卵，3月底孵化，4月成虫和幼虫混合为害最烈，下旬化蛹及羽化。5月中旬气温渐高，成虫蛰伏越夏。8月下旬又开始活动，9月上旬产卵，9—11月盛发，各虫态均有，12月下旬成虫越冬。当气温不高，食料丰富时，夏眠缩短或不休眠。成虫寿命平均约2年。卵散产于叶柄上，产前咬孔，一孔一卵，横置其中。卵期约7天。幼虫喜在心叶取食，昼夜活动，以晚上为甚。老熟幼虫入土3厘米筑土室化蛹，蛹期7～11天。成虫和幼虫取食叶片呈缺刻或孔洞，严重时食成网状，仅留叶脉，造成减产。

3. 防治方法

（1）农业防治：秋冬结合施肥，清除菜田残株败叶，铲除杂草，可消灭部分越冬虫源及减少早春害虫的食料。

（2）药剂防治：在成虫、幼虫始盛期，药剂可选用5%氟虫腈悬浮剂2 000倍液，或2.5%敌杀死乳油3 000倍液，或48%乐斯本乳油1 000倍液，或40%新农宝乳油1 000倍液，或55%农蛙乳油1 500倍液，或52.25%农地乐乳油1 500倍液，或10%歼灭乳油1 500～2 000倍液，或2.5%天诺一号乳油2 000～3 000倍液，或2.5%好乐士乳油2 000～3 000倍液，或2.5%大康乳油2 000～3 000倍液，或5.7%天王百树乳油1 000～1 500倍液，或20%绿得福微乳剂600～800倍液，或25%广治乳油600～800倍液，或3.3%天丁乳油1 000倍液等。

十、大猿叶甲

1. 为害特征

大猿叶甲是蔬菜上的一种害虫，主要为害白菜、小黑白菜、萝卜和介菜，被害株率高达100%。大猿叶甲的成虫和幼虫均取食叶片，并且群居为害，把叶片吃成许多圆孔，虫口多时把叶片吃成网状，仅留叶脉，残留的叶脉成扫把状，造成减产（图4-21）。

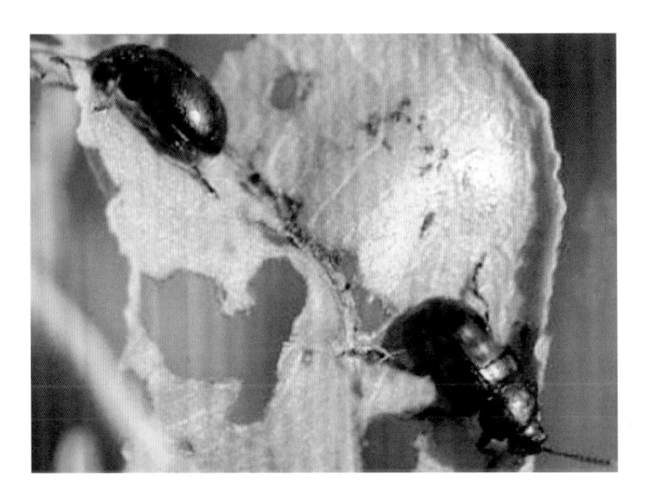

图4-21　大猿叶甲及其为害状

2. 生活习性

年发生代次由北到南2～8代，以成虫在5厘米表土层越冬，少数在枯叶、土缝、石块下越冬。翌春开始活动，卵成堆产于根际地表、土缝或植株心叶，每堆20粒左右。每头雌成虫平均产卵200～500粒。成虫、幼虫都有假死习性，受惊即缩足落地。成虫和幼虫皆日夜群聚取食菜叶，致使菜叶千疮百孔，严重时吃成网状，仅留叶脉。成虫寿命平均达3个月。春季发生的成虫，当夏初气温达26.3℃以上，即潜入土中或草丛阴凉处越夏，夏眠期达3个月左右，至8—9月气温降到27℃左右，又陆续出土为害。卵发育历期3～6天；幼虫期约20天，共4龄；蛹期约11天。每年4—5月和9—10月为两次为害高峰，通常秋季白菜受害较重。

3. 防治方法

（1）上茬收获后，清除田间及四周杂草，集中烧毁或沤肥；深翻地灭茬，促使病残体分解。

（2）选用优质、抗虫、抗病、包衣的种子，如未包衣则种子须用拌种剂或浸种剂防虫灭菌。

（3）育苗移栽，播种后用药土覆盖，移栽前喷施一次除虫灭菌剂，这是防虫的关键。

（4）适时早播，早移栽、早间苗、早培土、早施肥，及时中耕培土，培育壮苗。

（5）开沟排水，降低地下水位，达到雨停无积水，这是防虫的重要措施。

（6）合理施肥，增施磷钾肥；重使基肥、有机肥，有机肥要充分腐熟，

（7）合理密植，增加田间通风透光度。

（8）拔除病株，集中烧毁，虫穴施药。

十一、蔬菜跳虫

1. 为害特征

蔬菜跳虫俗称跳仔、火灰虫、黑跳仔、黑狗子等（图4-22）。主要为害白菜、菜心、蕹菜、菠菜、苋菜、生菜、豇豆、节瓜、苦瓜、甜玉米及作物幼苗。此外可为害栽培的平菇、草菇、香菇等。成、若虫食害菜苗心叶的叶肉，仅留一层表皮或食成缺刻和孔洞（图4-23）。

2. 生活习性

土栖性，性喜湿润土壤。雌虫把10～30粒卵产在土缝中，孵化若虫漂浮于水面或借此爬到植株上为害，密度大或虫口多时，菜田水面覆上一层紫红色虫体随水漂浮。据观察，气温10～25℃的多雨季节发生量大，为害严重，在深圳、台湾一带冬春雨季为

害重，6月下旬后很少受害。喜在清晨和傍晚出来活动或为害蔬菜，太阳出来后迅速潜入土中，少数躲在心叶里继续为害，阴雨天受害重。

图4-22　蔬菜跳虫

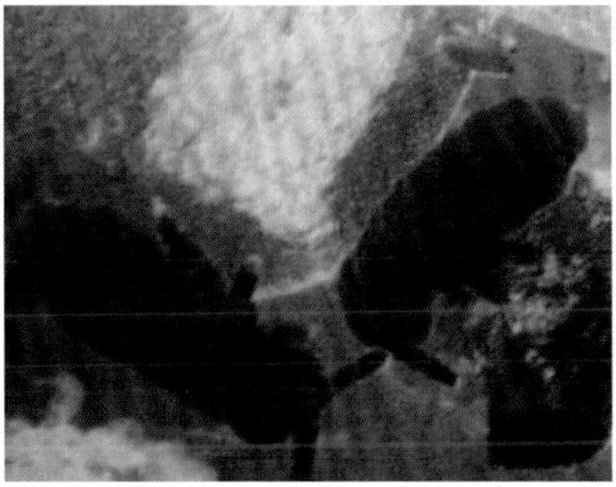

图4-23　蔬菜跳虫为害状

3. 防治方法

（1）菜地翻耕后每亩撒施石灰25～30千克，并晒土5～7天，可抑制该虫活动和繁殖。

（2）阴雨天跳虫在水面上漂浮时，可在畦沟中洒一层柴油，保持1天，然后把畦沟中水排净，能消灭水面上的跳虫。

（3）喷洒10%氯氰菊酯微乳剂1 100倍液或98%杀螟丹可溶性粉剂1 100倍液，药后24小时，漂浮在水面上的跳虫死亡，防效90%以上。

（4）晴天中午温度高时喷洒80%敌敌畏800倍液，关棚熏蒸3小时有效。

十二、黄曲条跳甲

1. 为害特征

黄曲条跳甲属鞘翅目叶甲科（图4-24、图4-25）。常为害叶菜类蔬菜，以甘蓝、花椰菜、白菜、菜薹、萝卜、芜菁、油菜等十字花科蔬菜为主，但也为害茄果类、瓜类、豆类蔬菜。以成虫群集在叶上为害，叶背尤多，使被害叶片上布满稠密的小椭圆形孔洞，除为害叶片外，还时常将蒴果表面、果梗、嫩梢上咬成疤痕或咬断。成虫喜吃植物的幼嫩部分，作物苗期受害后不能生长，往往毁种。幼虫专门为害寄主根部皮层，使其表面形成若干不规则的条状疤痕，也可咬断须根，使叶片由内到外发黄萎蔫死亡（图4-26、图4-27）。

图4-24　黄曲条跳甲成虫

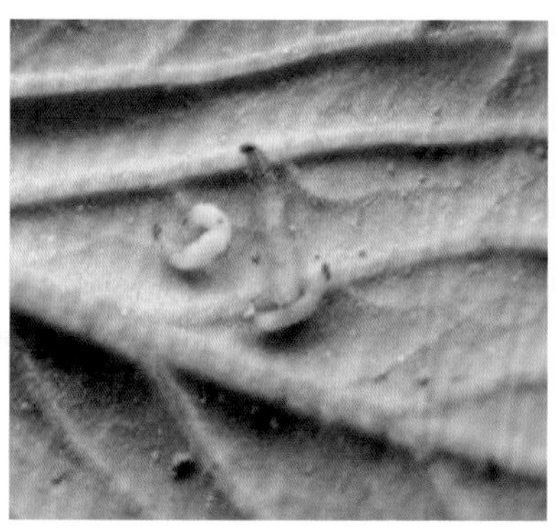
图4-25　黄曲条跳甲幼虫

图4-26　黄曲条跳甲为害芥菜状

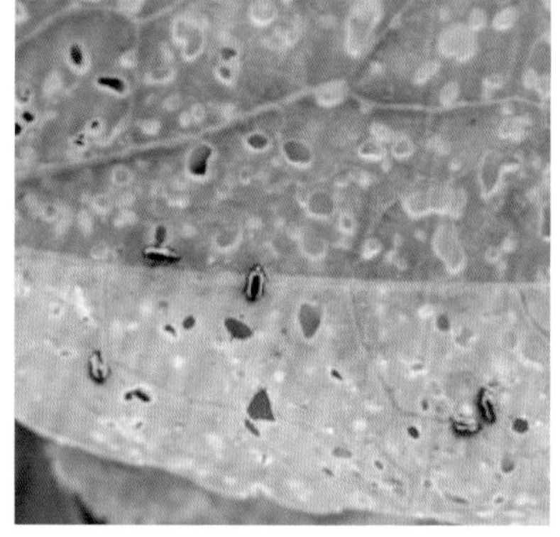
图4-27　黄曲条跳甲为害油菜状

2. 生活习性

1年发生4～8代，华北4～5代，华南7～8代，华中5～7代。各地均以成虫在枯枝落叶中潜伏越冬。华南地区可周年繁殖为害。翌年春季温度回升至10℃时，成虫开始活动取食。成虫活泼、善跳、有趋光性。卵散产于植株周围湿润的土隙或细根上。幼虫孵化后，沿须根向主根剥食根的表皮。老熟幼虫在3～7厘米处做土室化蛹。蛹期3～17天。

黄曲条跳甲属寡食性害虫。成虫活泼，善于跳跃，温度高时能飞翔，有趋光性，对黑光灯特别敏感。抗寒力强。成虫夜伏昼出，寿命颇长，平均50天，最长可达1年之久。产卵前期和产卵期很长，因此世代重叠，发生期很不整齐。成虫产卵大多在晴天，一天中以午后为多，卵散产，多产于植株周围离主根3厘米左右的湿润土隙中或细根上，也可在近土表的植株基部咬一小孔产卵于其中。幼虫共3龄，初孵幼虫沿须根食向主根，剥食根的表皮。幼虫老熟后，在土下3～7厘米处做土室化蛹。夏季高温对黄曲条跳甲发生不利，一般为害不大。黄曲条跳甲为寡食性害虫，偏嗜十字花科蔬菜，一般十字花科蔬菜连作地区，有利于大量繁殖，受害严重。与其他蔬菜轮作，可减轻为害。

3. 防治方法

（1）农业防治。进行水旱轮作，或与非十字花科蔬菜轮作，或与茄果类蔬菜、紫苏等芳香类蔬菜间作或套种。种植前对土壤进行翻耕、暴晒杀卵杀菌。将菜地周围的成虫有可能躲藏的杂草铲除清理，减少在枯枝叶、土缝中躲藏或越冬的虫体或虫卵。

（2）物理防治。在菜园边设防虫网或建立大棚，防止外来虫源的迁入。利用跳甲成虫的趋光性，在菜畦床上插黄板或白板，或晚上开黑光灯，诱杀成虫。或在菜畦床上铺地膜，有效防止成虫躲藏、潜入土缝中产卵繁殖。

（3）化学防治。

土壤处理：在翻耕后，种植前对土壤用药处理，采用生石灰或无公害生产技术规程中许可的丁硫克百威、毒死蜱、辛硫磷、杀虫双颗粒等化学农药进行拌土杀虫、杀卵。

拌种处理：用丁硫克百威颗粒剂等药剂拌种后播种。

用药选择：根据农药的不同作用特点、不同种类进行合理搭配（如将有机磷类、拟除虫菊酯类、氨基甲酸酯类、苯基吡唑类、新烟碱类及其他类型的2～3种杀虫剂混用），选择速效与缓效相结合，高效低毒低残留的符合无公害生产要求的品种，交替、轮换用药，从而达到延缓害虫抗性、降低防治成本、提高防治效果的防治目的。尽量少用长期以来使用的有机磷类、沙蚕毒素类等老品种农药，多选择苯基吡唑类、新烟碱类等新类型的农药品种。可以选择毒死蜱、丙溴磷、氰氟虫腙、乙基多杀菌素、啶虫脒、吡虫啉、印楝素、鱼藤酮、哒螨灵、丁硫克百威、高效氯氰菊酯等农药。

（4）生物防治。可采用坚强芽孢杆菌、球孢白僵菌、昆虫病原线虫等生物药剂对黄曲条跳甲成虫或卵进行防治。

十三、茴香薄翅野螟

1. 为害特征

茴香薄翅野螟，别名茴香螟、油菜螟（图4-28）。主要为害茴香、甜菜、白菜、油菜、荠菜、萝卜、甘蓝、芥菜。幼虫吐丝卷叶，取食心叶和种芽或食害采种株种荚，受害荚上出现孔洞。

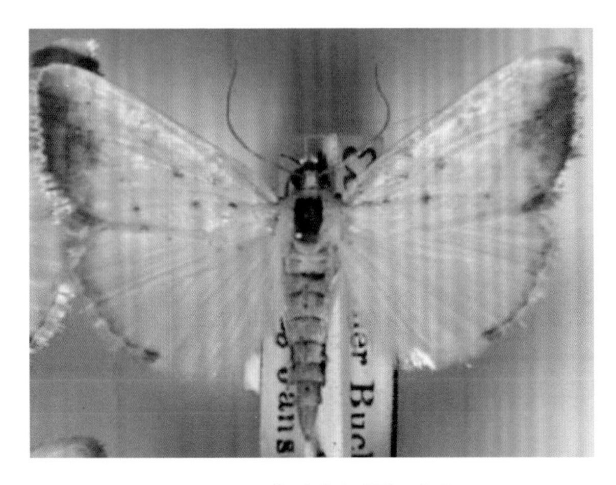

图4-28　茴香薄翅野螟成虫

2. 生活习性

青海年发生1代，黑龙江密山年发生2代。以老熟幼虫在2～3厘米土层中结茧越冬。翌年5月中旬越冬幼虫另结一土茧进入预蛹期，5月下旬开始化蛹。6月上旬成虫羽化产卵，日均温18～20℃卵期5～8天，20～22℃幼虫期14～24天，7月中旬开始化蛹，预蛹期7～14天，蛹期15～19天，7月下旬至8月上旬第1代成虫羽化产卵，8月第2代幼虫盛发，9月上旬幼虫进入末龄，9月中下旬入土越冬。成虫有趋光性，白天喜栖息在草丛或植株中，稍有惊扰即起飞，飞翔能力不强。多在夜间羽化，当天即可交配产卵，产卵期5～14天，交配后3～7天进入产卵高峰期，每雌产卵20～300粒排成鱼鳞状，卵多产在十字花科幼嫩角果或果柄上，成虫寿命4～16天。天敌有白僵菌、中华广肩步甲等。

3. 防治方法

7月中旬在幼龄幼虫期喷洒6%乙基多杀菌素悬浮剂1 500～

2 000倍液或200克/升氯虫苯甲酰胺悬浮剂2 000倍液、1%甲氨基阿维菌素苯甲酸盐微乳剂2 000倍液。

十四、蝼蛄

1. 为害特征

蝼蛄成虫（图4-29）和若虫在土中咬食刚播下的种子，特别是刚发芽的种子，也咬食幼根和嫩茎，造成缺苗断垄。蝼蛄在土层穿行时，形成很多隧道，使幼苗与土壤分离，失水干枯而死。华北有“不怕蝼蛄咬，就怕蝼蛄跑”的农谚。

图4-29　蝼蛄成虫

2. 生活习性

北方地区2年发生1代，在南方1年1代，以成虫或若虫在地下越冬。清明后上升到地表活动，在洞口可顶起一小虚土堆。

5月上旬至6月中旬是蝼蛄最活跃的时期，也是第一次为害的高峰期，6月下旬至8月下旬，天气炎热，转入地下活动，6—7月为产卵盛期。9月气温下降，再次上升到地表，形成第二次为害高峰，10月中旬以后，陆续钻入深层土中越冬。蝼蛄昼伏夜出，以夜间9～11时活动最盛，特别在气温高、湿度大、闷热的夜晚，大量出土活动。早春或晚秋因气候凉爽，仅在表土层活动，不到地面上，在炎热的中午常潜至深土层。蝼蛄具趋光性，并对香甜物质，如半熟的谷子、炒香的豆饼、麦麸以及马粪等有机肥，具有强烈趋性。成、幼虫均喜松软潮湿的壤土或沙壤土，20厘米表土层含水量20%以上最适宜，小于15%时活动减弱。当气温在12.5～19.8℃，20厘米土温为15.2～19.9℃时，对蝼蛄最适宜，温度过高或过低时，则潜入深层土中。

3. 防治方法

（1）农业防治。冬春季节在蝼蛄越冬虫集中的场所深翻地，捣毁蝼蛄窝室或将虫翻至土表冻死。芹菜夏收后，平田整地，可破坏蝼蛄产卵的地方，使其无法产卵。不要施未经腐熟的有机肥料。施化肥时最好施用碳酸氢铵、氨水等化肥做追肥，其散发的氨气对蝼蛄具有一定的驱避作用。每亩量碳酸氢铵25千克，氨水15～25千克，随水冲入畦内。

（2）诱杀成虫。成虫有趋光性，在夏秋季节，选无风无光的夜晚，气温在18～22℃、相对湿度60%以上时，使用各种灯光诱杀成虫。

（3）毒饵防治。

毒谷诱杀：用90%的敌百虫晶体0.1～0.15千克，加适量水对成药液，再加入5千克煮成半熟并凉好的谷子拌匀，即制成毒谷。每亩毒谷1.5～2.5千克撒入芹菜畦内。温室苗床发生蝼蛄时，可将毒谷撒在蝼蛄活动的隧道处。

毒饵诱杀；用90%的敌百虫0.1～0.15千克、水5千克对成药液，再加入5千克粉碎并炒香的豆饼、花生饼、棉籽饼、麦麸、破碎的玉米，充分拌匀即制成毒饵。每亩1.5～2.5千克，在傍晚时撒入畦面。也可将毒饵撒于地面，然后耙入土内。

（4）化学防治。播种或移栽前，每亩用50%辛硫磷颗粒剂2.5千克，掺干细土30千克拌匀，撒于畦面。然后进行耙地，使药土混合。芹菜受害严重时，可用80%敌敌畏乳油30倍液灌洞杀死成虫。也可用48%乐斯本乳油每亩150～200毫升，对水200千克，浇灌芹菜根部。或每亩48%乐斯本150毫升，拌于细土15～20千克埋施，持效期可达3～4个月。

参考文献

胡锐，邢彩云. 2017. 蔬菜病虫害原色图谱[M]. 郑州：河南科学技术出版社.
吕佩珂，苏慧兰，李秀英. 2017. 绿叶类蔬菜病虫害诊治原色图鉴[M]. 北京：化学工业出版社.
伍均锋，何斌，谢小红. 2018. 蔬菜病虫害诊断与绿色防控原色生态图谱[M]. 北京：中国农业科学技术出版社.
杨军玉. 2016. 蔬菜病虫害防治彩色图鉴[M]. 北京：金盾出版社.